培養
狼性DNA

成為職場與情場上EQ最高的那匹狼

韓立儀，余金 —— 著

如果能成為食物鏈的王者，誰願意當兔子松鼠？

狼憑著牠獨有的傲骨，成為一方山林霸主，

管他是小豬、小羊還是小紅帽，都只能乖乖成為牠的囊中物！

喚醒你體內沉睡已久的狼之血液，成為職場和情場上的高EQ帝王吧！

目錄

第 2 章　追求自由，圓融以對

第 3 章　交朋識友，心中有數

第 4 章　運籌帷幄，取財有道

作者簡介

　　余金，原名金躍軍，專職作家。代表作品有《聖經的大智慧》、《讀禪學做人》、《讀禪悟管理》、《電影療傷》、《做自己的心理按摩師》、《培養狼性 DNA》等。

前言

　　縱觀古今千年，橫覽一世百歲，凡能成就一番大業績之人，或多或少都有一種「狼」的氣質。譬如秦始皇之勇狠，漢高祖之狡詐，唐太宗之隱忍，宋太祖之決斷等等，這些人，無一不是能忍能狠、謀勇雙全的厲害人物，和狼族的行徑頗有許多相似之處。

　　遠古時代，人類對狼充滿了尊敬與崇拜，許多民族都把狼作為圖騰，對其頂禮膜拜。但在現代文明中，狼一直被人類視為「惡」的代表，這種不理智的行為造成了狼群急劇減少，但狼群依然頑強地活著。

　　最近，當人們發現並認識到這種錯誤之後，開始保護狼群。也正是在這種「善良」的行動中，人們發現了狼群的秘密——保障生存至今的秘密。於是，在世界範疇內，正在掀起一股向狼學習的風潮。

　　狼絕對不是上帝的寵兒！牠沒有獅子那麼強壯，也沒有豹的速

度，然而上帝卻給了它必須食肉的胃口。

在狼的身上，我們發現了人類所需要的一切。正如英國動物學家紹·艾利斯所說：「所有哺乳動物中，最有情感者，莫過於狼；最具韌性者，莫過於狼；最有成就者，還是莫過於狼。」　狼代表了一種精神，一種哲學。

《培養狼性 DNA》一書，分為五章，共 95 個狼性法則：

狼性赤裸，生存為先；追求自由，圓融以對；交朋識友，心中有數；運籌帷幄，取財有道；職場發展，諳通規則。

本書從多個角度剖析狼性，再把這種狼性運用於工作和生活中各個方面，為現代人提供了全新的視野，一展狼族風采。

誰甘心總做兔子、松鼠被人傷害或吃掉呢？像狼一樣不犯人也不被人犯，當然會別有一番氣勢了！

第1章　狼性赤裸，生存為先

篇首語：
我攀登在千仞的高崖上，
我要努力向上攀登；
我要學會狡詐和兇狠，
不為虛假的榮耀、顯赫。
然而，我還必須保持高昂的熱情，
不惜忍辱負重；
為了狼的尊嚴，
我必須養精蓄銳，
迎接新的挑戰！

狼性法則 01
做你自己，獨一無二

　　自古以來，人們對狼頗多貶抑。然而，在競爭的世界中，狼確是一種可貴的動物，優秀的種群。狼是動物中的靈長。

　　狼群在深夜對空長嚎時，每一匹狼都擁有獨一無二的音調，並尊重與群體中其它成員之間的差異性。即使是具有最大權力的頭狼，也沒有權利去要求其它的狼模仿自己的聲音嚎叫，也沒有權利去要求其它的狼模仿自己的行為。因為每匹狼都是獨一無二的。

　　在人生的道路上，我們每個人的生活面貌都是由自己塑造而成的，也就是說，如果我們能學會接受自己，看清自己的長處，明白自己的短處，便能穩步前行，達到目標。

　　發現自我，秉持本色，這是一個人對自己的最大關愛。做你自己，才是生命存在的意義。

　　在美國傳媒界，歐普拉是一個神話。她的故事，是為 MBA 課程度身訂造的個人成功教材。

　　從一個農家女到都市名人，歐普拉善於把個人的弱勢轉化成智慧資本。對美國人來說，這是很好的啟示。一個出身寒微的黑人女子，憑著無比的自信和意志征服了民心，被封為「心靈女王」。她的魅力，在「9‧11」後尤其明顯，當美國人仍為紐約焚城末日的景象驚嚇不已時，歐普拉的節目是一顆適時的鎮定劑，連前美國總統布希都對歐普拉的一舉一動備受矚目，當她宣布每月讀書會（Oprah 's Book Club）暫停選書活動，出版界都擔心書籍銷量

會因此大幅下降。

商界凱覦她的效應，渴望招攬她為代言人。由她主導的雜誌《O，The Oprah Magazine》，每期都以她為封面，200 多頁內容占八成是廣告，卻仍然吸引 250 萬讀者，營業額以千萬美元計。《財富》雜誌選她為商界最有權力女人第三名，僅次於超級企業 Hewlett-Packard 及 eBay 的女舵手。《時代》雜誌曾把她列入「20 世紀最具影響力百人志」內。

她的支持者遍布全球，主要為中產階級、白領、女性、受過高等教育、有經濟能力。她的賺錢王國非常龐雜，從電視，到電影，到書籍，到雜誌，再進軍有線頻道，銀行界估計她的個人帳面財產達 10 億美元。

然而，這一切得來不易。1954 年，她出生於密西西比州的郊區一間沒水沒電的農村平房。童年是一段寫滿貧窮、缺乏父母關愛、性侵犯、種族歧視的歷史。那時，馬丁·路德還在高喊種族平等的口號。對傳媒事業充滿憧憬的歐普拉，成功樣本是著名新聞節目主持人芭芭拉。大學畢業後，她爭取到電視台主持新聞，成為美國電視史上第一位黑人女性新聞主播，而且是最年輕的，只有 19 歲。

可是，她的黑人臉孔始終沒有為她帶來更多機會，監製希望她的膚色「白一點」，頭髮「金一點」，五官「精細一點」，在盡力迎合仍然不合要求後，她終於放棄了要成為另一個芭芭拉的夢想。她意識到，自己要成為一個更好的歐普拉，而不是一個稍遜的芭芭拉。

面對現實，她轉向談話性節目。1984 年是一個轉捩點，芝加哥電視台起用她擔綱主持名人訪談節目，唯一要求是：你只要做回

你自己。於是，她大膽在節目裡表現真我，喜歡流淚就流淚，公開自己童年被性侵犯的經歷，以「誠懇，告解」式的率真風格迅速得到觀眾歡心，成為收視王牌。自此，歐普拉的形象愈來愈鮮明，也愈來愈成功。在美國觀眾看來，「The Oprah Winfrey Show」就像一股心靈清泉，與同樣紅透半邊天的金牌主持人 Jerry Springer（男性，白人）的偷窺、挑釁式談話性節目，屬於兩個極端，卻都是美國文化的重要養分。

歐普拉對閱讀界的影響至今，由她策劃的讀書會節目，自 1996 年開播以來，使閱讀變成心靈口服劑，是時尚、自強、關懷的表現。

當你面臨人生的決定時，別人的意見是要聽的，但不應照單全收，也不該屈從，不要被別人左右，而需要經過自己慎重地考慮，再由自己做出判斷和選擇。

每個人都應該是這樣，努力去做你自己，只有這樣，才能有出頭露面之日，才是對自己命運的負責。

狼性法則 02
不求完美，輕鬆做人

　　在動物界裡，狼並不是上帝的寵兒，尤其是在食肉動物中，狼沒有絲毫優於其牠動物的身體條件。牠們深深知道，追求完美是不可能的，儘管不是上帝的寵兒，但牠們依舊頑強在這個世界上生存。

　　有哲人說：「完美本是毒。」事事追求完美是一件痛苦的事情，它就像是毒害你自在心靈的藥餌。因為這個世界本來就是不完美的，過去不是，現在不是、未來也不是，它本來就是以「缺陷」的樣式呈現給我們。人如果事事追求完美，那無異是自討苦吃。

　　有一位老和尚想從兩名弟子中選一名做衣缽傳人。一天，老和尚對兩名徒弟說：「你們出去撿一片最完美的樹葉給我。」兩名弟子遵命而去。不久，大徒弟回來了，遞給師傅一片樹葉說：這片樹葉雖然不完美，但它是我看到最完整的樹葉。

　　二徒弟在外面轉了半天，最終卻空手而歸，他對師傅說，我看到了很多很多樹葉，但總挑不出一片最完美的……自然，老和尚把衣缽傳給了大徒弟。

　　「撿一片最完美的樹葉」，人們的初衷總是美好，但如果不切實際的一直尋找，一心只想十全十美，最終往往是兩手空空。直到有一天，你才會明白，為了尋找一片最完美的樹葉，而失去了許多機會，是多麼得不償失。

　　世間許多悲劇，正是因為一些人熱衷於追求虛無縹緲的完美，

而忘卻了任何一種正常的選擇都可以走向完美。完美不是一種既定的現象,而是一種日臻完美的執著追求過程。

撿一片最完美的樹葉,需要擁有一份理智,一份思索,一份對自身實力的審視和把握。

人生應該靜下心來,一步一腳印去撿你認為是相對完美的樹葉。人生的缺憾有獨特的意義,我們不能杜絕缺憾,但我們可以昇華和超越,並且在缺憾的人生中追求完美。

中國古代的四大美女,多多少少也有些小缺陷,但她們卻能夠彌補各自的缺陷。西施是美女的代名詞,可是西施天生有一對又圓又小的耳朵,與她的「沉魚」之貌很不對稱。為了彌補不足,西施請人製作了一副又大又沉的金耳環,以使自己的瓜子臉更楚楚動人;相傳貂蟬出身貧寒,生下來瘦弱可憐,其母擔心無法養活,曾想用細繩勒死她。後來母親不忍下手,貂蟬雖然沒有死,脖子上卻留下一條細痕。後來她卻越長越美,出落成一位絕代佳麗,但美中不足的是她頸部的那條細痕,另外還有一股難聞的體味,這使她的美貌大打折扣。為此,她請人製作了一條帶墜的粗項鍊,墜子裡裝滿了龍涎香,這樣一來,細痕和體味都能被掩飾掉。

楊貴妃由於身體太過豐滿,又愛吃荔枝,弄得牙痛口臭,而且步履沉重,走路姿勢難看。後來,一名大臣為她獻上一紅一綠的小玉雕魚,讓她含在嘴裡,治好了她的毛病。楊貴妃又在裙帶上安了許多小金鈴和玉珮,走路時玉珮金鈴相撞,金玉齊鳴,清脆悅耳,彌補了她走路笨重的不足;王昭君雖有「落雁」之容,卻長了一雙大腳,漢代雖還沒有纏足的習慣,可女孩腳大了也不太好看,由於當時有帶玉珮的習慣,王昭君就請裁縫做了一件套裙,在裙下鑲滿美玉珮飾,掩蓋了她一雙大腳。

　　可見，缺憾可以作為我們追求的動力，如果我們能這樣看，就不會為種種所謂的人生缺憾而耿耿於懷。

　　如果說完美是毒，那麼缺陷就是福了。情人眼裡出西施，其實就是一種對缺陷美的肯定，如果能放下追求完美，肯定會過得更快樂。

　　如果你是一名完美主義者，那你的生活理想可能是：吃要山珍海味、穿要綾羅綢緞、住要花園洋房、坐要名貴轎車、妻要國色天香、兒要聰明伶俐、財要富可敵國……可想而知，在你追求這些的過程當中，必定是到處碰壁、心為形役、苦不堪言。

　　每個人都有缺點，但與其刻意把缺點掩蓋，偽造完美的外表，倒不如實實在在地展現普通人的性情。

狼性法則 03
能上能下，保存實力

　　狼知道自己沒有改變環境的能力，甚至連選擇環境的權利也沒有，它們堅定地奉行「能上能下」的原則，永遠適應越來越嚴酷的生存環境。狼適應了地球上幾乎所有的自然環境，也適應了人類的陷阱、毒藥和子彈。

　　在人生的舞台上，如果你的條件適合當時的需要，當機緣一來，你就上台了。如果你演得好演得妙，你就可以在台上待久一點。但如果你演走樣了，老闆不讓你下台，觀眾也會把你轟下台；或是你演的戲不合潮流，或是老闆就是要讓新人上台，於是你就下台了。

　　上台當然自在，可是下台呢？難免傷心，這是人之常情。但還是要「上台下台都自在」。所謂「自在」指的是心情，能放寬心最好，不能放寬心也不能把這種心情流露出來，免得讓人以為你承受不住打擊；你應「心平靜氣」，做你該做的事，並且想辦法精練你的「演技」，隨時準備再度上台——不管是原來的舞台或別的舞台——只要不放棄，終會有機會。

　　百濟和新羅都是朝鮮半島上的古國。

　　有一次，百濟進攻新羅，新羅重臣金春秋出使高句麗求救。高句麗王乘人之危，向他索要新羅領土，金春秋拒絕了，於是被扣留下來，命在旦夕。金春秋無計可施，只好去賄賂高句麗一個老臣。那老臣收下禮物，講了一個故事給他聽：

　　東海龍女生病需要兔肝做藥引子，龍王派蝦兵蟹將四處尋找。這一天，一隻大烏龜爬上岸，對一隻兔子說海中有一座長滿仙草的小島。兔子相信了，於是大烏龜馱著兔子遊到了深海裡，講出了實情。兔子馬上回答說，我是神兔，沒有肝也能活，只是剛才把肝拿出來洗了，現在還晾在岸邊上呢，我們回去拿吧。

　　於是大烏龜又馱著兔子來到岸邊，可是兔子一上岸，就一邊大罵著烏龜王八一邊跑掉了。

　　金春秋聽後若有所悟，第二天答應了高句麗王的領土要求，等到離開高句麗國境以後，才對陪同的使者說他的話不算數，他只是想救活自己而已。使者回報，高句麗王也沒辦法。

　　金春秋又去大唐求救，並在唐軍的幫助下，消滅了百濟和高句麗，統一了朝鮮半島，並成為第 29 代新羅國王。

　　可見，人生的際遇是變化多端，難以預測的，起伏難免，有時是逃不過去的，碰到這種時候，就應有「上台下台都自在」的心情，這種心情不只會為你的人生找到安頓，也會為你找到再放光芒的機會。

　　另外，你的這種彈性也必將贏得別人對你的尊重，因為沒有人會欣賞一個自怨自艾又自暴自棄的人。

　　齊桓公時名相管仲曾經輔佐公子糾對抗齊桓公，後來公子糾失敗，他也被抓住。但他主動歸降，還做到了齊國的相國。

　　他說：「人們認為我被齊桓公俘虜後，關在牢裡委曲求全是可恥的，可我認為有志之士可恥的不是一時身陷囹圄，而是不能對國家社會做貢獻；人們認為我所追隨、擁戴的公子糾死了，我也應該跟著死，不死就是可恥，可我認為可恥的是有大才而不能讓一個國家稱雄天下。」

在此，奉勸置身於不如意環境中的朋友，不要再抱怨，面對現實，充實自己。一個肯積極向上的人，在任何環境裡都不應自卑。反之，一個不肯拼搏進取、浪費光陰的人，本身就是一種恥辱，別人不會因為你環境不順就會原諒你。

狼置身於逆境中，它不會抱怨，不會許諾拼搏。它知道，要在逆境中生存就要學會適應。

狼性法則 04
堅持權利，服從主流

在人類繁榮以前，狼曾是世界上分布最廣的野生動物。它們不需要人的施捨，只希望能不被打擾，按自己的社會秩序和生活方式生存。但是隨著人類的誤解和對狼的屠殺，使它們幾乎從地球上滅絕，然而它們仍鍥而不捨，自由地遊蕩於更為遙遠偏僻的地方。哪怕需要去適應更為嚴酷的氣候和更為惡劣的環境，它們也不怕。

有這樣一句話，一個人只有站在一個可以獨立站立的地方，才能不盲從權威，才能立足於社會之中。

《塔木德》（它是 2000 名猶太學者在 1000 多年的討論和研究中寫成的，嚴格地說不是一部律法書，而是一部自己研究和探索的書，每一個猶太人的研究都是自己的見解和觀點。）中有許多鼓勵人們的話語，其基本觀念在於：人必須脫離常軌，才能促進進步。換句話說，人不可以盲從權威，絕對的權威容易導致絕對的腐化。

《塔木德》教人脫離常軌，而且事實上，人只有不迷信權威，才能向前發展。例如，伽利略、喀布拉等人都曾向他們那一個時代的天文學挑戰，愛因斯坦也就是因為敢於脫離常軌，才推動著人類歷史一步一步地前進。

有這樣一個故事就說明了人不應該盲從權威。

一次，拉比以利札·班·賽門從老師家裡出來，悠閒地騎著毛驢，感到很快活，因為他剛剛學習了不少《律法書》上的知識，心中充滿了驕傲。突然，一個非常醜的人向他打招呼：「祝你平安，先生。」

　　他不但不向人家打招呼，而說：「你可真醜陋啊！你周圍的人都和你一樣難看嗎？」

　　那人回答說：「我不知道，但你可以去跟我的造物主說：你造出來的東西多麼醜陋啊！」

　　拉比以利札意識到自己犯了錯，他向這個人鞠躬，說：「我在您面前低頭，請原諒。」

　　但是，那個憤怒的人說：「我不會原諒你，除非你去我的造物主那裡說：‘你造出來的東西多麼醜陋啊！’」

　　拉比以利札跟在那人身後來到自己的鎮子上。當鎮上的人看到他們的拉比，都來致意，說：「祝你平安，師長。」

　　「你們這是在跟誰致意？」那個人回答說。

　　「跟在你身後的那個人。」人們回答說。

　　「如果那人是一個拉比，」他大聲說，「以色列再沒有和他一樣的人。」

　　人們很奇怪，都問他為什麼這樣說，他講了剛剛發生的事情。

　　「可是你應該原諒他啊，」他們催促著，「因為他是一個很博學的律法師。」

　　「為了你們，我會原諒他。」那人最後說，「但是他以後再也不許做這樣的事情了。」

　　這個非常醜的人之所以不願意原諒拉比以利札，是因為他並不盲從權威。當他認為拉比犯錯時，敢於堅持自己的正義。

　　雖然說人不應該盲從權威。但在日常生活中，並不需要隨時向權威挑戰，只需適當模仿別人的做法，服從社會主流，就能過得很安樂。但是，一定不要一味地追隨，以至於故步自封。如果一旦陷入盲從的境地，就不能算一個自由人了。

狼性法則 05
創意生存，不擁不擠

　　俄羅斯和蒙古草原上的大型食肉動物因為自然環境的殘酷而被淘汰了許多，剩下的都是生存能力非常頑強的物種，狼是其中之一。

　　可以說，是狼強大的創意生存能力保證了它們在如此殘酷的自然環境中生存，也可以說是這樣的自然環境促進了狼群的改良，使之具有了更強的適應能力。也許是兩者兼而有之，形成了良性循環。

　　以往，青少年的最佳成功之路，大多形成了一個相當一致的「共識」，即按部就班從小學直至博士後，這幾乎是唯一選擇。

　　現在，這條路雖說仍然為絕大多數青少年欽羨和羨慕，但開始有人們認為這並非是成功唯一道路，也不應該要求每一位實際上存在著諸多差異的青少年都走這條路。而且，人們越來越清醒看到：在當代「學會求知與生存」，遠遠比採用什麼樣的學習方式更重要。

　　只要學會了（這當然是一個逐漸完善的過程）創意求知和創意生存，無論你是「循規蹈矩」求學，抑或是休學創業，都顯得不再重要，只要憑著創意闖蕩人生，就有望達到屬於你的光輝境界。

　　有一個年輕人沒考上大學，他去了一家牙膏廠工作。

　　牙膏廠營業額連續 10 年遞增，每年的增長率在 10% 到 20%。可是到了第 11 年，企業業績停滯下來，以後 2 年也如此。公司經理召開高級會議，商討對策。

不久，廠門口貼出一張公告，懸賞 10 萬元重金徵求提高銷量的方法。不久，應徵的方法五花八門，但都是從傳統的降價等手段入手，都沒有讓董事長相中。

這時，這個年輕人靈機一動，在紙條上寫了一句話，來到董事長辦公室，讓秘書遞了進去。董事長看了後，欣然同意支付 10 萬元的報酬。

那張紙上寫著：將現在牙膏口擴大 1 毫米。

他是這樣想的：一般人擠牙膏都有自己的習慣用量，而這個量是以牙膏在牙刷擠出的長度來大約度量的。把牙膏口擴大 1 毫米，每個消費者就多用 1 毫米寬的牙膏，無形中就增加了用戶的消費量，從而提高了產品的銷量。

從人們無法想像到的地方下手，從牙膏口的寬度增加牙膏的產量，這可以說是創意求新的妙用了。

當今社會，一個人在接受和完成義務教育的基礎上，以靈活的方式繼續求知，已變為一種不可或缺的生活方式。不求知將無法生活，不創意地求新，「知」將難以體面生存，這種發展趨向已成定局。因此，從心態上，把充分地開掘創意人生視為第一要義，這比什麼都顯得重要。在此認識的基礎上，不論你如何策劃人生，都將不失為上策。只要你的生存充滿了創意，你的表現充滿了創造力，你就會穩定地在社會上紮下自己永不衰敗的根系，你就終將會贏得生存的主動。

或許有人要問：社會現狀是十分看重學歷的，沒有高學歷，在現實生活中求職將十分困難。這也確實如此。先不說，這種困難是否來自求職要求的失當。即便如此，也不妨反問自己：為什麼一定要坐待他人的雇傭，而不能自己創業（乃至去聘用他人）？現代生

活已為不同層次的人們，開拓了多種方式的創業可能與創業前景。力主創意生存的個性奮起創業，將是未來生存的主要樣式，一點也不新鮮，一點也不奇怪。

　　無論你走哪樣的學習途徑，只要是遵循創意求知與創意生存的追求，就會殊途同歸，就都有希望攀登上創意人生的頂峰。

狼性法則 06
憂患意識，進取之源

狼是一種時刻保持危機感的動物。能生存八九年的老狼，都經歷了太多的生存與死亡的戰鬥，有很多次它們都是憑著自己的勇猛把自己從死亡邊緣拉了回來。敵人在它們身上留下了太多的傷痕，而這些傷痕也見證了它們頑強的生命力。

要生存，就要活下去；要認識自己，就要有所行動；我們最大的敵人便是恐怖、懦弱和膽怯。

只有時刻保持憂患意識才能使人和一個族群生生不息，不斷進取。

驕傲自滿，安於現狀則會使人盲目樂觀，不思進取，甚至坐吃山空，在頹廢中喪失鬥志，最終葬送大好前程。憂患意識可以使人正確地認識形勢，在強烈的危機感中始終保持奮發有為的精神狀態，不斷開拓事業的新境界。

思想敏銳，隨勢而變

　　狼群有自己的社會組織結構和組織紀律，狼群有自己的信仰和自己的生活準則。為了這些，它們願意付出一切，甚至犧牲自己的生命。但有的時候，它們卻會毫不猶豫地改變平時遵循的一些準則。對變與不變的把握，充分體現了狼族的生存智慧。

　　在當代社會，一個人應表現為對社會的最密切的關注和最敏銳的分析。他們不是憑老經驗生活的人，也不是關起門來僅僅從書本中探求如何生活的人。他們熱心研究的是現實的社會，他們主要是從不斷發展、變化著的社會中，去尋求適應的途徑，尋求和社會相適應的生活和活動方式。

　　凱斯頓是美國紐約 20 世紀福克斯公司的電影製片人，製作了 20 年的影片，他認為這是他惟一能做的工作。可是突然有一天，他丟掉了飯碗，他沮喪極了，不知道該怎麼辦。因為他不知道自己除此之外還能做什麼。

　　有一天，他正心灰意冷地在大街上走，迎面碰上了過去的一位同事。這位同事的一番話及時調整了凱斯頓的心態，使他走出了人生的低谷，開始邁向了成功的人生。

　　凱斯頓後來回憶他們當時的對話：

　　「他對我說：你擔心什麼——你的本事多得很。 我記得自己非常沮喪地說：真的？我有什麼本事？他告訴我：你是一個了不起的推銷員。多年來你不是一直把許多電影構想推銷給總公司的人

嗎？天曉得，多年來你能推銷給這些老奸巨滑的人，你就能把任何東西推銷給任何人。

「接著他說：此外，你還是一個寫宣傳企劃的高手。你一直為自己的影片寫出最好的宣傳企劃，所以你做這一行一定沒問題。然後他不經意地又說了一句話：不用說你最擅長的是把一大堆人湊在一起工作——這本來就是製片人的職責。所以你也許可以開一家自己的演員經紀公司，大賺一筆，依我看來，你能選擇的出路多得很。」

「他在我的肩膀上拍一把，我們就告別了，但是我在那個街角又呆了許久。短短幾句話改變了我的人生。」

凱斯頓聽了朋友的話，及時調整了自己的人生方向，開始了新的人生，現在他擁有了自己的公司，獨立承接宣傳企劃，當然是以電影業為主。凱斯頓成功了。

一個發展節奏加快、組合形式複雜的社會，在不同的人們中產生了不同的際遇：對於那些適應力強的人來說，多一扇門就是多一分希望，多一種變化就多一個機會；對那些適應力弱的人來說，多門等於沒門，多機會等於無機會。

在多變的社會裡，真正的危險不在於生活經驗的缺乏。而在於認識不到變化，或不能把握變化的規律。那麼，如何才能適應多變的社會呢？

（1）在思想上對變化要有充分的準備

我們今天的生活中，各種新的東西猶如市場上的各種貨物，琳琅滿目，相互競爭，供你選擇。新的生活潮流如同長江之水一浪推一浪，滔滔不絕。如果以遲鈍的、保守的眼光看待和對待今天的生活，就勢必會被不斷向前的生活新潮流遠遠地拋在後面，從而成為

一個「不識時務」，或「不合時宜」的人。

（2）在心理上要有高度的靈活性

在生活中要不拘泥於任何程式、習慣和經驗，不受任何既定的思路和方案的束縛，隨時拿出新的招數來應付新的情況，以快速的心理反應來對付快速變化的形勢。

可見，我們要適應這個多變的社會，就要打破傳統的思維方式想問題。現代社會要求人們不要沿著自己的思路單線思考，而要立體鑽研，全方位思考。

真正思維敏捷的人，不是把過去的成功經驗當作靈丹妙藥，到處套用，他們不會忘記經驗的參考價值，但絕不拘泥於它。他們知道，經驗往往有很大的局限性，它要受到個人智慧和實踐活動的廣度及深度的限制。而且，人們的行動總是面向未來，而經驗卻只屬於過去。

複雜多變的社會，大大加速了已有經驗的陳舊化。死守於過去的經驗的人，難免會碰大釘子。

生命之樹常青，萬事萬物都在變，認識事物、改造事物的方法也在變。今天適用的方法，明天不一定適用；此地適用的方法，彼地不一定適用，在任何成功的道路上都是沒有金科玉律可言的，全憑你的機智敏銳地探知變化，靈活地改變方法。

狼性法則 08
有所不為，大有作為

在狼群中，狼要「有所為」，必須同時要「有所不為」。「有所不為」的狼，方能大有作為。無論做什麼事，都要「咬緊」一處，緊盯一處，堅持不懈地進攻，只有這樣的狼才會有所收穫。

每一位渴求成功的人，尤其是處於創業階段的奮進者，務必要時時防範自己，不要濫鋪商品，濫用精力，不要以為到處出擊才有收穫，而應當像釘子那樣，鑽其一點，各個擊破，讓自己在某一方面展示出自己的特長，這樣才能有更大的成功機會。

小李是一家公司的助理，他是一個活潑、能幹又討人喜歡的年輕人。他有一位漂亮的妻子、一個可愛的兒子以及光輝的前途。

小李平時喜歡繪畫，他的許多風景油畫，都懸掛在辦公室的牆上，有時候他也把畫賣給公司外面的人。雖然他喜歡自己的工作，但是他更熱愛繪畫。他一向很喜愛山青水秀的小城鎮，他認為那是藝術家的樂園，他想要放棄現在的工作，找一個風景優美的地方開一家畫坊。

他把自己的想法告訴了妻子，他的妻子鼓勵他說：「我們也可以賣畫框，我照顧店面，你就可以畫畫了。我相信，我們一定會成功的。」

在妻子熱心的鼓勵下，小李下定決心辭掉了工作，他們搬到了一處風景優美的小鎮，小李開始專心作畫。

事實上，他畫得非常好，經過幾年的努力，他終於成為當地最

成功的畫家之一。他的作品曾在全國展覽，他也曾在許多畫廊舉辦過個人畫展。他建立了自己的畫廊和畫室，這都是因為他有所為和有所不為的結果。

任何有所為的人，都不是在一切領域都能有所為的。即使在某一領域裡，也不是每一方面都有所建樹。想全知全能，不過是天真的幻想。

聰明的人，絕不會四處出擊，樣樣都深入，事事搶第一。你的每一種慾望，都會跟你的另一些慾望發生衝突。如果你窮於應付，你就會被折磨得煩惱叢生。最終將一事無成。

著名作家老舍，他的文史知識、社會經歷可謂豐富，各個時代的人物都活靈活現地躍動在他的筆下。然而，他的幾個孩子談起自然科學的話題時，他卻插不上嘴。因為這方面他知之甚少。

看來企求全知全能是不現實的。任何人才，總是聚焦於某一處而做出成就的。

德國詩人歌德形象地說：「一個人不可能騎兩匹馬，騎上這匹，就要丟掉那匹。限制中方顯大師的身手。」

我們不可能無限制擁有生命，人的精力、時間是有限的，生命也是有限的。只有科學地管理好自己的精力，開發好自己的精力，只有把有限的精力集中於某一處工作，才能取得突破性的進展。

那些有所作為的人，無不是知道限制自己的人；無不是在確立了明確的目標後，根據自己的興趣、特長和現實的需要，在眾多的選擇中，擷取其一，傾心相投，目標如一，矢志不渝，終有所成。

狼性法則 09
近朱遠墨，篩選環境

當小狼能夠自己行走的時候，母狼就把這些小狼趕出窩，讓它們自己去覓食。在冰天雪地裡，寒風刺骨，又可能遭到兇猛動物的襲擊，那種艱難與危險是可以想像得到的。

有的小狼咬緊牙關，抵擋嚴寒與饑餓，勇敢的活了下來；而有的挺不住，便逃回窩裡了。母狼並沒有因為小狼可憐的樣子而寬容，還是鐵著心把它們趕出去。母狼知道，如果今天不讓它們出去受凍挨餓，不去適應艱險環境，那麼明天，它們就不能自立，就會被凍死，餓死，被獅子、老虎吃掉。

生命的延續從狼能夠獨立行走的第一天開始接受挑戰——學會自己覓食。這是對小狼的一種鍛鍊。也只有經歷苦境、險境、逆境的磨練，狼的生命力才會更加旺盛。

我們必須承認，一個人的生活環境對他樹立理想和取得成就肯定是有某些影響的。

倘若你和大多數的失敗者交談，你不難發現，他們失敗的原因，就是因為他們無法獲得良好的環境，因為他們從來不曾走入過足以激發人、鼓勵人的環境中，這使他們的能力沒有完全被激發出來，甚至完全被忽視了。

無論你要做什麼，都要不惜一切代價盡力使自己處在可以激發自我潛力的氛圍中。與那些瞭解你的人保持聯繫，接近那些信任你、幫助你、鼓勵你發掘潛能的人。結交那些與你具有同樣雄心壯

志的朋友，他們會給予你精神上的支援，鼓勵你去做力所能及的事情。

　　能真正激發一個人的事情往往是微不足道的。也許是看到一句格言，接受了一次布道，聆聽了一次講演，或是讀到了激動人心的歷史故事，看了鼓舞人心的好書，也可能是得到了朋友的鼓勵和信任，被別人發現了我們自己不曾發現的潛力。

　　有一些一度失去了進取心和抱負心的人，他們過著消極頹廢的生活，但是，當他們閱讀了激動人心的書籍或是聆聽了催人上進的布道之後，他們在最不利的環境下激發了內在的潛能，竟然在幾個月之間產生了巨大的變化。

　　當一個鄉下男孩來到城市時，他的雄心往往第一次被激起。對他來說，大城市就像一個世界博覽會，展覽著每個人的成就。整個城市中彌漫著的積極氣氛像一道閃電，激發出了他的全部力量和潛能。他所看到的所有事物都好像在召喚他努力向前。

　　城市的環境告訴他，別人做了什麼，為什麼成功。他胸中燃燒的雄心在刺激著他——自己一定要成就一番偉業。

　　進取心還會相互感染。如果一個人在飯館、俱樂部或是其他地方遇到了別人，聽到了別人的成功事蹟、巨大成就，他會立刻問自己：「我為什麼不能做到這樣呢？我怎麼沒有做到這一點？」如果他想了一想，他可能會接著說：「我也一定可以做到。」這時，他會向著新的目標、新的想法，或者是關於對成功可能性的新的理解，投入到自己的工作當中去。

　　而在現實生活中，一些年輕的鄉下企業家開始時不是非常成功的。但當他們拜訪了大城市的同行後，他們獲得了努力的動力。真正成功的大企業刺激了他們的進取心，他們回到鄉下以後，有了新

的目標，開始一步一步重新做起。

而許多小城鎮商人，由於很少有機會與同行中的佼佼者接觸，所以總是處於循規蹈矩、停滯不前的狀態。這樣，他們的理想不知不覺就會暗淡下來，潛力就得不到應有的發揮。他們總是去做那些簡單的事情，日復一日地走著以往的老路。而在意識到這個問題的嚴重性之前，他們往往已經被淘汰了。

如果我們經常與那些理想高遠、對工作全力以赴的人，或是與那些和巨大苦難作艱苦鬥爭的人相處的話，我們就很容易對那些值得去做的事情抱以熱情和興趣。

一個人必須重視環境對自己的影響，營造利於自身成長的生存環境，利用有利的環境提高自己，昇華自己，這樣才有利於個人生存和成長。

狼性法則 10
善假於物，求得發展

　　遠古人類對狼充滿崇敬與膜拜。他們把狼的形象刻在岩洞的石壁上，愛斯基摩人和印第安人很早認識到狼的優秀特質，許多原始印第安部落還把狼當做他們的圖騰，他們尊重狼的勇敢、智慧和堅韌，他們認為狼是最高智慧的神，可以與一切抗衡。

　　但是由於種種原因，人類逐漸對狼產生了深刻的誤解，把狼視為貪婪、兇殘、忘恩負義的代表。在漢語中，許多關於狼的詞語表現了我們這種誤解，如「狼子野心」、「狼心狗肺」、「狼狽為奸」等。

　　那麼狼真的像人們形容的那樣可惡嗎？

　　本節我們就從「狼狽為奸」 說起，從字典中我們可以查到它的意思：互相勾結做壞事。但我們可以從另一個角度來看：狼借助於狽的某些勢力來完成自己的心願，這難道不是一種「善假於物」的智慧嗎？這難道不值得我們人類學習嗎？

　　在成功學中，「借」的意義何在？在關係網中，「借」是核心。關係網又是人際關係的重要部分。把握了「借力」這一核心，就把握了關係網的精髓，就有可能透過借力完成從沒錢、沒背景、沒經驗，向成功的轉化。

　　古時有借風騰雲，借名釣利，借力打力，借雞生蛋，無不是講究一個借字，講究借助外部力量而求得發展。帆船出海，風箏上天，無不是「好風憑藉力，送我上青雲」。而人的成功，也需要借力。

　　著名的「NIKE」公司的創造者菲爾就是這樣一個善於借用外力的人。

　　我們大家都知道，NIKE 是十分出名的世界品牌，但人們很少瞭解：NIKE 公司在美國是一家沒有工人、沒有廠房的公司。在美國的 NIKE 公司總部，沒有工人生產鞋，也沒有任何工廠在為 NIKE 公司生產。那麼，NIKE 鞋是從何而來的呢？這就是 NIKE 公司最有名的「借雞生蛋」法。

　　面對複雜的國際市場，任何疏忽都會造成企業的失敗，因而眾多的國家，包括發達國家在內，為了保護本國的弱小產業，使它不至於被外來商品擠垮，都採取了高關稅的貿易壁壘，從而拒「洋貨」於國門之外。

　　NIKE 本來就是一種比較高檔的消費品，價格自然不菲，如果再出口到別國，價格會更高一籌。對那些廣大的不發達國家的消費者而言，它只能是一種可望而不可及的商品，「NIKE」也因此而失去大部分的國際市場。

　　菲爾不甘心就此放棄。1981 年 10 月，NIKE 採取國外聯營的方法，和日商岩井公司聯營成立 NIKE 日本公司。同時，NIKE 公司控制了這家公司 50% 的股權，並把日本橡膠公司原有 NIKE 公司產品配銷權轉移到新公司門下，同時，又和日本橡膠公司聯合，日本橡膠公司用本公司的人力進行 NIKE 產品的生產，產品交 NIKE 日本公司銷售。這種用「借雞生蛋」來避免高關稅，打開貿易壁壘的方法是十分有效的，NIKE 用這種方法輕鬆地打開了一向禁閉的日本市場的大門。由於沒有關稅，而且日本工人勞動力比美國更廉價，NIKE 產品的成本大大減少，因而在出售價格上，人們普遍能接受。

　　但是，日本的勞動力雖然比美國廉價，但依然偏高。菲爾在日本推行「借雞生蛋」法獲得成功後，更堅定了他向世界各地推行的決心。為了降低成本，菲爾把目光投向了工資水準低，原料價格低的發展中國家。這時，菲爾看中了中國這個大市場，中國不僅具有廣闊的消費市場，而且具有大量的廉價勞動力與原料。為了瞭解中國市場，菲爾千方百計地尋找機會來中國大陸。這期間，他經歷了種種困難，但是他並沒有放棄，他相信，總有一天他會打進中國市場的。中國這片肥沃的土地對他的吸引力太大了。

　　此後，經過幾年的艱苦奮鬥，菲爾成功地打進了中國的市場，並與中國有關方面簽訂了製造運動鞋的合約，分別在天津、上海、廣東和福建四地生產 NIKE 鞋款回銷美國市場。此後，NIKE 便在中國成為高檔名牌，成為青年人追逐的焦點，其銷量也越來越高。

　　NIKE 公司的「借雞生蛋」是成功的，由於 NIKE 公司在生產上採用這一方法，從而使公司本部人員相當精簡而又具有活力，這樣就避免了很多生產上問題的拖累，因而使得公司更有精力關注市場銷售方面的問題，也就有了比其他公司更有利的條件。

　　伴隨 NIKE 公司的成功，使得眾多強勁的競爭對手也不得不讚歎：「他們的每一件事都做得很漂亮。」而善借外力是使 NIKE 公司成功的一個關鍵因素。

　　有一富翁說得好：「聰明人都是透過別人的力量，去達成自己的目標。」

　　個人大部分的成就總是蒙他人之賜；他人常在無形之中把希望、鼓勵、輔助，投射入我們的生命中，而在精神上興奮我們，常使我們的各種能力趨於銳利。

狼性法則 11
咬定目標，鍥而不捨

狼在獵取的時候，常常會遇到獵物的拼死抵抗，一些大型獵物有時還會傷及狼的生命。但只要狼鎖定目標，不管跑多遠的路程，耗費多長時間，冒多大的風險，它都不會放棄的，不捕到獵物誓不甘休，永不言敗。

這是狼的另一個成功要素──咬定目標，鍥而不捨。

凡事豫則立，不豫則廢。有目標的人他的每一天總是充實的，因為目標總在召喚，未來總是向他張開笑臉。

一心向著自己目標前進的人，整個世界都給他讓路。

目標如同我們通往未來成功的路線徑圖，指明了前進的方向，可以確保我們到達目的地。如果我們有目的，我們就什麼方法都能找得到。

《伊索寓言》中有一個「煮石頭湯」的故事：

一個餓漢來到富人家門口，對主人說：「我帶了些石頭，想用你的鍋煮點石頭湯喝。」

主人很奇怪，石頭怎麼能煮湯喝呢？

主人讓他進屋來，給他準備了一隻鍋。

餓漢先把石頭放進鍋裡，煮湯得加水呀！於是主人給了一些水；煮呀，煮呀，煮湯需要鹽啊，於是主人又給了鹽；後來又給了一些佐料。

終於，餓漢喝上了有滋有味的湯。

　　這個故事說明什麼呢？說明只要有明確的目的，什麼方法都能找得到。

　　沒有目標的時候，我們只能把精力放在一些小事情上，而小事情往往會讓我們忘記了自己本應做的事情。一旦目標達到時，你自己成為什麼樣的人比你得到什麼東西重要得多。

　　有些人有了目標但不喜歡做計畫，因為他們覺得大多數的計畫常常還來不及完成就中途夭折了，不如走一步算一步，反正船到橋頭自然直。所以說，這種人大都是「光有想法，沒有做法」。

　　而有些人相信做了計畫之後，目標才能更加明確，方向才不會走偏，萬一中途有變化，計畫可以再修改，即使最後沒有百分之百到達目的地，但至少完成了大半。「你知道你的距離還有多遠，總比站在原地好。」一位成功的企業家如是說。這種人堅持「先要有做法，而後，想法就會逐一實現」。

　　以《樂在工作》一書聞名的行為學專家魏特利博士就曾經指出，一個人想要成功，通常必須具備下列 3 個條件：

　　第一 先要擁有夢想，並把夢想寫成目標與計畫。

　　第二，融入知識，放進技術、經驗與知識。

　　第三，全力以赴，不要猶豫，立即行動。

　　計畫是一種積極的行動力，它可以讓你集中精力專注於目標上，避免受外界打擾。

　　對於一個有志氣的青年來說，不論就業或創業，一定要像狼那樣選好自己的目標，在選定了目標之後，萬萬不可操之過急，必須一步一個台階，絲毫取巧不得；只要一步一階，終能抵達成功的頂峰。

狼性法則 12
寬容大度，解決衝突

狼是自然界的強者，這主要強在它的氣量上。狼不會為了所謂的尊嚴在自己弱小的時候攻擊比自己強大的動物；狼也不會為了嗟來之食而向施主搖頭擺尾。這就是強者的力量，隨時機而動，不計較一點一滴的得失，但又絕不會低頭獻媚，出賣自己的靈魂。

世界上成大事者都有一顆寬容博大的心。因為寬容是一種生存哲學，是一種較高的思想境界，學會寬容別人，也就懂得了寬容自己。

其實，幾乎所有性格上的問題都能解決。有很多夫妻，因為想法不同，過著很痛苦的婚姻生活；很多上班的人，也因為互相認識不足，而老是手忙腳亂……

有位睿智的老人說過：「如果我們一定要表示出不同意別人的看法，就讓我們以一種婉轉的態度來表達不同的看法。這樣，情形就會好得多。」

莎士比亞是一個善於寬以待人的人，他說：「不要因為你的敵人而燃起一把怒火，熾熱得燒傷你自己，廣覽古今中外，大凡胸懷大志，目光高遠的仁人志士，無不是大度為懷，置區區小利於不顧，相反，鼠肚雞腸，競小爭微，片言隻語也耿耿於懷的人，沒用一個是成就大事業的人，沒有一個是有出息的人。」

丙吉是漢宣帝的丞相。他的車夫好喝酒，渴醉了後，有些行為就很不檢點。

有一次，他駕車隨丞相外出，酒醉後嘔吐到丞相的車上，相府的主管聽說後，就大罵了他一頓，並想辭掉他。

丙吉說：「他如果因為醉酒失事而遭辭退，還有哪裡會收容他呢？總管你忍忍吧，不過就是把車的墊褥弄髒了罷了。」於是他把車夫留了下來。

這個車夫家在邊疆，經常目睹邊疆發生緊急軍務的情況。那天出門，恰好看見驛站騎手拿著紅白兩色的口袋，將邊境的緊急公文送來。他就隨後跟到皇宮正門負責警衛傳達的公車令那裡打聽，知道敵人已經侵入雲中、代郡等地。

他馬上回到相府，將情況告訴了丙吉，並說：「恐怕敵人所侵犯的邊郡中，有些太守和長史已經又老又病，無法勝任用兵打仗之事了，丞相最好是預先查看一下。」

丙吉認為他說得很對，就召來負責高級官吏任免事項的官員，查閱邊境郡縣官員的檔案，對每個人都仔細地逐條審查。不久，漢宣帝召見丞相和禦使大夫，詢問敵人所入侵的郡縣官員情況，丙吉一一正確答覆。

御史大夫倉促間十分窘迫，無言秉告，只得降職讓賢。而丙吉能以時時憂慮邊疆、忠於職守被稱道，全憑車夫的提醒之功。

可見，對人要奉行寬以待人的原則會對你有更大的幫助。

也許是昨天，也許是在很早以前，某個人傷害了你的感情，而你又難以忘懷。你自認為不該得到這樣的損傷，因而它深深地留在你的記憶中，在那裡繼續侵蝕你的心。

當我們恨我們的仇人時，我們的內心被憤怒充溢著，這就等於給了他們致勝的力量。如果我們的仇人知道他們如何能令我們苦惱、令我們心存報復的話，他們一定非常高興。我們心中的恨意完

培養狼性 DNA
成為職場與情場上 EQ 最高的那匹狼

全不能傷害到他們，卻使我們的生活變得像地獄一般。

　　讓我們永遠不要去試圖報復我們的仇人，因為如果我們那樣做的話，我們就會深深地傷害了自己。讓我們像艾森豪將軍一樣，不要浪費一分鐘時間去想那些我們根本就不喜歡的人，把精力和感情白白地耗費在他們身上，該是多麼不划算啊！

不得已時，棄車保帥

　　狼受到了獵人的攻擊，狼的左腿被獵人的槍打中了。當狼拖著受傷的左腿逃生時，左腿會成為它前進的阻礙，這時，它會毫不猶豫地咬斷自己的左腿，以求生存。這是狼棄腿保命的生存之道。

　　也許我們人類不能做到狼的這一點，但是我的一生中肯定會有很多事情要你決定，而且可能每個決定都很重要，如果同時有好幾個問題出現，都需要你在第一時間做出決定時，怎麼辦？這個時候，請你選定一個最重要的決定，然後集中精力去做這個決定。

　　其他的決定或許對你也很重要，可是你必定一次只能做一個決定，因此，應把其他決定擺在第二位，如果時間不允許，那就放棄吧！這就是所謂的「棄車保帥」策略。

　　比如說，你正在做菜，當鍋裡的湯沸騰時，門外正好有人敲門，而你的孩子也正巧在這個時候打破了一個杯子，手被劃破了，痛哭不止。

　　這個時候，你必須選擇一件最重要的事情，先去處理一個問題，再處理第二個問題。也就是說，在第一時間裡，你只能採取一種行動。

　　這時正在廚房的你，聽到孩子的哭聲和門鈴聲，應先把瓦斯爐的火關掉，接著就去幫孩子包紮，第三步再去門邊，看看是誰在按門鈴，就算叫門的人等得不耐煩走掉了，也沒關係。

　　在這個例子中，先處理已經沸騰的鍋是個正確的做法。因為孩

子的手被劃破了，雖然一直哭著，但一般來說傷口都不會太嚴重，而鍋裡沸騰的水一旦溢出來澆熄爐火，就很可能讓瓦斯外洩，造成煤氣中毒或者爆炸。

通常在這種情況下，你能思考的時間或許只有幾秒鐘，如果你潛意識裡沒有這種「棄車保帥」的反射模式，加上又急又慌，很容易就把事情搞得一團糟，甚至釀成悲劇。

其實，對於大多數人而言，彼此的智慧都差不多，那些成功的人，都是充分運用腦力進行有效思考的人。或許你以前不會很在意運用腦力這回事，認為這並不重要，那是因為你仍然還沒遇到一些繁雜的問題，當你面臨做一個大決定的時候，或是遇到一個大場面，如果你沒有習慣規劃腦力資源，可能就會做不出決定，就算做得出決定，也不是個好決定。

因此，不管你所面對的問題有多重要、多緊急，你一定要先決定去做最重要的事，這樣才能減少那些不必要的損失。

狼性法則 14

強調主動，沒有藉口

　　天下間沒有任何一隻羊自願走向狼，除非這隻羊有病。學習狼的生存法則就必須自覺行事，自動自發，否則不會有「羊」自動送入你的口中。

　　我們先來看一個故事：

　　有位極具智慧的心理學家，在他的小女兒第一天上學之前，傳授寶貝女兒一項訣竅，足以令她在學校的學習生活中無往不利。

　　這位心理學家開車送女兒到小學門口，在女兒臨下車之前，告訴她在學校裡要多舉手，尤其在想上廁所時，更是特別重要。小女孩真的遵照父親的叮嚀，不只在內急時記得舉手；教師發問時，她也總是第一位舉手的學生。不論老師所說的、所問的她是否瞭解，或是否能夠回答，她總是舉手。

　　日復一日，老師對這個不斷舉手的小女孩，自然而然印象極為深刻。不論她舉手發問，或是舉手回答問題，老師總是不自覺地優先讓她開口。而因此累積了許多這種不為人所注意的優先特權，竟然令這位小女孩在學習的進度上、自我肯定的表現上，甚至於許多其他方面的成長上，都大幅超越了其他的同學。

　　故事中那位深具智慧的父親所教給女兒的舉手觀念，正是成功者積極主動的態度。

　　然而令人擔憂的是，積極力量削減一分，相對的，消極的力量便增強一分。此消彼長，再假以時日，真不敢想像我們會變成什麼

樣的人。

因此說，進攻，必須強調主動。一切自卑、畏縮不前和猶豫不決的行為，都只能導致人格的萎縮和做人處世的失敗。

繼東漢之後的群雄紛爭中，劉備能後來居上，能在三國鼎立中稱雄巴蜀，根本原因就在於諸葛亮主謀的主動進攻，不僅是行為上的，更是心理謀略上的。

赤壁之戰爆發前夕，曹操占襄陽、破荊州，80萬大軍順江東下，此時劉備勢單力薄，惶惶如漏網之魚。此際，諸葛亮當機立斷，主動請求出使東吳，他說：「事情緊急呀，請您讓我去東吳一趟。」這是劉備日後轉機的開始。

一到東吳，諸葛亮繼續實施進攻策略：首先是舌戰群儒，難張昭、窮虞翻、羞步騭、斥薛綜，使東吳眾多謀臣儒將理屈詞窮，這是以攻為守，先聲奪人。

見到孫權，諸葛亮又用激將法刺激孫權的自尊心與榮譽感。他說：「現在，將軍外表上服從曹操，內心卻另有打算，事情緊急卻不能決斷，這樣大難就要臨頭，你何不下決心早點向曹操投降呢？」這一激果然奏效，當孫權瞭解了劉備的態度後，遂決心孫劉聯軍與曹決戰。這樣，劉備在策略上不僅轉危為安，實際上已勝利在握。

主動進攻的謀略，不僅使偉大的歷史人物力挽狂瀾，回天有力，也是平常人於生存中必須瞭解的立身之謀。它使個人的價值得到確認，使他人，尤其是不懷好心的人不敢小視於你。

摒棄那種因我們時常礙於面子，或恐懼遭到拒絕，或者怕遭受批評，或因自己的熱情總是遭對方冷漠的回應，而使得自己積極主動的力量逐日減弱的思想和行為吧！只要我們增強一分積極的力

量，便足以削弱一分消極的困擾。

　　讓我們去除無謂的懷疑，讓自己更單純一些、更熱誠一點；充分掌握主動積極的力量，凡事多舉手，多去協助別人，成功就在眼前。

狼性法則 15
既成事實，坦然面對

　　狼族中有高層狼與底層狼之分，後者通常是公狼，而且是族群中最小隻的傢伙。這些可憐的小傢伙常常會受到狼族群中其他成員的虐待與排擠，特別是在吃東西的時候，它往往排到最後一個，但是為了生存，它們能坦然接受這些事實。當它們熬過這些難關而存活下來，這些狼自然而然地也就變成了最有韌性的動物。

　　俗話說：「月有陰晴圓缺，人有旦夕禍福。」在有生之年，我們勢必遇到許多不快的經歷，它們是無法逃避的，也是我們難以選擇的。我們只能接受不可避免的事實來自我調整，抗拒不但可能毀了自己的生活，而且也許會使自己精神崩潰。

　　美國心理學家威廉·詹姆士曾說：「心甘情願地接受吧！接受事實是克服任何不幸的第一步。」

　　當然，接受既成的事實，並不是阿 Q 式的精神勝利法，也不是沙漠中將頭埋入沙裡的鴕鳥。阿 Q 的悲哀在於對可為之事而不為，任憑事態的惡化，等待成為犧牲品；而鴕鳥的愚蠢則在於昏昧的逃避。

　　接受既成的事實，是要勇敢地正視，在平靜的面對中，趟出一條希望之路。當我們無法以主觀的力量控制事態的時候，或者面對無法改變的事實，已經盡了力的主觀努力的時候，此時與其抱怨，不如平靜以對。

　　時間是最具魔力的立可白，再糟糕的事實也總有過去的時候，

你不會永遠生活在一種情緒狀態之中。但是，要想發生時間更改生活圖像的效果，沒有相對應的心理狀態與時間相互作用，是達不到目的的。這種心理狀態就是平靜。平靜以對，讓時間來改寫不平的生活事實，讓自己能夠聚集足夠的智慧和勇氣，與不公平的生活事實相處，在默默的忍耐中開創嶄新的生活。

你一定聽說過牛奶瓶的故事。這個故事對應著一個眾人熟知的諺語：不要為打翻的牛奶哭泣。

一位英文教師在一次英語課上對他的學生闡釋了這個道理。那一天，當學生走進教室時，發現老師桌上有一隻裝有牛奶的瓶子豎立在一隻笨重的石罐中。老師說：「今天我要給你們上一堂課，這堂課與學習英語有點關係，但與人生關係更為密切。」說完，老師拿起牛奶瓶，順手把它丟在石罐裡。

隨著一聲悶響，牛奶瓶已經四分五裂，可想而知牛奶溢在了石罐裡。老師讓同學們看了看破碎的牛奶瓶後，問道：「面對這種情形，你們會作何感想？」同學們面面相覷，不知道老師要說什麼。

老師平靜地說：「我上這堂課，並非是要你們記住幾個單字、幾個句型以及有關牛奶的這個諺語，而是想讓你們明白一個簡單的人生道理：覆水難收，後悔無益。你們可能對這瓶牛奶感到惋惜，可是惋惜並不能使瓶子恢復原形。它已經是既成的事實，是無法挽回的事，任憑你再怎麼懊悔、歎息、遺憾，也無法回到牛奶瓶摔破以前的樣子。所以，Don't cry over spilt milk。以後如果你們在生活中遇到了無可挽回的事時，請記住這隻摔破了的牛奶瓶！」

對既成的事實耿耿於懷是徒勞無益的。想起那個摔破了的牛奶瓶，會使我們遇事頭腦冷靜、沉著和明智。比如，明知事情已經發生而且無可挽救，卻偏要去勞心費力；明知機會已經失去，卻偏要

感到懊悔悲傷，等等諸如此類的事情，不僅可笑，而且也毫無用處。

生活中，我們無法控制不幸事情的發生，但可以控制自己對於不幸的反應。假如我們被人欺騙，我們總不能永遠因此憤恨懊惱不已，假如我們遭受委屈，我們不能因此而總是萎靡不振。

最好的辦法就是以飽滿的情緒和積極的態度來對付不幸的事，這種辦法總能收到好的效果。這種辦法可以是合理地利用時間，做自己現階段可以做的事，值得做的事。

總之，當你情緒飽滿、態度積極地投入某種有益的活動時，你就已經以勇者和智者的坦然心境，接受既成的事實，挑戰所謂的人生不幸，這必定能開創一片希望的藍天。

狼性法則 16

不斷努力，終有所成

　　在動物界，狼算得上捕獵效率最高的動物之一了。但它們捕獵的失敗幾率仍然很高，因此狼群實際上經常處於饑餓狀態。狼群面對失敗，從來不退縮、屈服，它們甚至沒有一點沮喪。它們要做的只是默默地忍受失敗，忍受饑餓，然後從失敗的行動中尋找經驗教訓，以便在下一次捕獵中獲得更大的成功。

　　世上的事，只要不斷努力去做，就能戰勝一切。哪怕事情再苦、再難，只要我們「再堅持一下」，我們就有希望，就有成功的可能。

　　「再堅持一下」，是一種不達目的誓不甘休的精神，一種對自己所從事的事業的堅強信念，也是高瞻遠矚的眼光和胸懷。它不是蠻幹，不是賭徒的「孤注一擲」，而是在通觀全域和預測未來後的明智抉擇，它更是一種對人生充滿希望的樂觀態度。

　　約翰尼·卡許早有一個夢想——當一名歌手。上大學時，他買到了自己有生以來第一把吉他。他開始自學彈吉他，並練習唱歌，他甚至自己創作了一些歌曲。畢業後，他開始努力工作以實現當一名歌手夙願，可他沒能馬上成功。沒人請他唱歌，就連電台唱片音樂節目廣播員的職位也沒能得到。他只得靠挨戶推銷各種生活用品維持生計，不過他還是堅持練唱。

　　他帶領了一個小型的歌唱小組在各個教堂、小鎮上巡迴演出，為歌迷們演唱。最後，他灌製了一張唱片奠定了他音樂工作的基礎。他吸引了兩萬名以上的歌迷，金錢、榮譽、在全國電視螢幕上

露面——所有這一些都屬於他了。他對自己堅信不疑，這使他獲得成功。

然而，卡許又接著經受了第二次考驗。經過幾年的巡迴演出，他被那些狂熱的歌迷拖垮了，晚上必須服安眠藥才能入睡，而且還要吃些「興奮劑」來維持第二天的精神狀態。他開始沾染上一些惡習——酗酒、服用催眠鎮靜藥和刺激興奮性藥物。他的惡習日漸嚴重，以致對自己失去了控制能力。他不是出現在舞台上而是更多地出現在監獄裡了。

一天早晨，當他從喬治亞州的一所監獄刑滿出獄時，一位行政司法長官對他說：「約翰尼·卡許，我今天要把你的錢和你的麻醉藥都還給你，因為你比別人更明白你能充分自由地選擇自己想做的事。看，這就是你的錢和藥片，你現在就把這些藥片扔掉吧，否則，你就去麻醉自己，毀滅自己，你選擇吧！」

卡許選擇了生活。他又一次對自己的能力作了肯定，深信自己能再次成功。他回到納什維利，並找到他的私人醫生。醫生不太相信他，認為他很難改掉吸毒的壞毛病，醫生告訴他：「戒毒癮比找上帝還難。」

卡許並沒有被醫生的迷信嚇倒，他知道「上帝」就在他心中，他決心「找到上帝」，儘管在別人看來幾乎不可能，他開始了第二次奮鬥。他把自己鎖在臥室閉門不出，一心一意要根絕毒癮，為此他忍受了巨大的痛苦，經常做噩夢。

後來在回憶這段往事的時候，他說，他總是昏昏沉沉，好像身體裡有許多玻璃球在膨脹，突然一聲爆響，只覺得全身布滿了玻璃碎片。當時擺在他面前的，一邊是毒品的引誘，另一邊是他奮鬥目標的召喚，結果他的信念占了上風。

　　九個星期以後，他又恢復到原來的樣子了，睡覺不再做噩夢。他努力實現自己的計畫。幾個月後，他重返舞台，再次引吭高歌。他不停息地奮鬥，終於又一次成為超級歌星。

　　要想成功，就要「作之不止」，決不能半途而廢。當然，方法、計畫可以調整，但決不要讓失敗的念頭佔據了上風。

　　「輕易放棄，總嫌太早。」記住這句話吧。越是在困難的時候，越要「再堅持一下」。有時，在順境時，在目標未完全達到時，也要「再堅持一下」，不要因為小小的成功就止步不前。

第2章　追求自由，圓融以對

篇首語：
這是一個殘酷的世界，
但，我要憑著堅韌和機敏；
在爾虞我詐中，明哲保身。
我從來不以外強中乾的王者自居，
但也不求為人憐憫！
我要培養超群的實力，
以狼性順應天道，
為我贏得完美的交際！

狼性法則 17

能識時務，方為俊傑

狼有靈敏的嗅覺和寬拓的視覺，狼憑藉嗅覺和視覺，並依循足跡等線索尋找獵物，狼若發覺對方所處的地勢較有利於己，就會盡可能悄悄接近獵物。

一旦被狼相中的獵物逃跑時，狼會隨後緊追，若無法立即追獲，便會打消念頭，立即放棄眼前的的獵物，轉而尋找其它的獵物，因為狼寧可選擇長期等待而換到勝利，也不願以生命換取短期的近利。

這就是識時務的狼

古語說「識時務者為俊傑」。識時務的人，他們知道如何防患於未然並轉危為安。

何謂時務？時務是指事態的發展狀態，發展趨勢。根據這趨勢把握自己的行為舉止，根據趨勢決定自己何去何從。

時務中最重要的是時機問題。準確地把握時機，便能事半功倍；一旦失去時機，兩手空空一無所獲不說，走向失敗甚至毀滅的境地也有可能。而良機不能坐等，捕捉時機，轉移視野或重新選擇都貴在積極的行動。

審時度勢是識時務最基本的功夫之一。看透世事發展的趨勢，並順應世事發展，及時採取應變之策，才是識時務的要義之一。

武則天這位中國歷史上唯一的女皇帝，入宮時只有 14 歲，她曾在太宗馴烈馬時說過一句「馴烈馬要一用鐵，二用刀」的話使太

宗對她另眼相看。當唐太宗病危之時，她還非常年輕，太宗有讓她殉葬的意思。在這時，武則天除了與準皇帝——當時的太子，後來的高宗建立私交外，主動選擇出家當尼姑——當時時興的一種衍罪修身的方式。這樣一來，一則對太宗表示了忠貞，二則保全了自己的生命。她在特定情況下的這種選擇，一是讓外人無可非議，二為自己日後大權在握埋下了伏筆。

人生總有各種各樣難以應付的局面出現，關鍵是如何根據實際情況來保全自己。武則天削髮為尼，表面上是遁世逃避，實則為東山再起積聚力量。

「識時務」從本質上講是一種「變」的哲學。「窮則變，變則通」實乃千古不變之理。

要成功卓越，就要審時度勢，睜大眼睛，不斷進行人生步伐的調整。只要能根據時勢條件的變化而適時調整人生步伐，就一定能使你找到通向成功的捷徑。

狼性法則 18
裝傻示愚，用晦如明

「裝傻示愚」是狼慣用的智慧。一位長期對狼進行研究的觀察者透過望遠鏡觀察說，發現幾天前狼群看起來似乎是漫無目的地跟著獸群，突然間，有氣無力的狼群在一刹那間變得非常有衝勁，變成一個合作、有力量、團結的集體。這個集體能夠在瞬間擊殺對手。

狼的智慧有時具有讓人恐懼的震憾。

在現實生活中，人人都想表現得聰明一些，裝傻似乎是很難的。這需要有傻的胸懷風度，既能夠愚，又愚得起。《菜根譚》說：「鷹立如睡，虎行似病。」也就是說老鷹站在那裡像睡著了，老虎走路時像有病的模樣，這就是說它們準備獵物吃人前的手段。所以一個真正有才德的人要做到不炫耀，不顯才華，這樣才能很好的保護自己。

漢朝大將韓信是漢朝的第一功臣，在漢中獻計出兵陳倉，平定三秦，率軍破魏，俘獲魏王豹；破趙，斬成安君，捉住趙王歇；收降燕，掃蕩齊，力挫楚軍。連最後垓下消滅項羽，也主要靠他率軍前來合圍。

司馬遷說，漢朝的天下，三分之二是韓信打下來的。但他功高震主，又不能謙遜自處，加上他犯了大忌，看到曾經是他部下的曹參、灌嬰、張蒼、傅寬都分土列侯，與自己平起平坐，心中難免矜功不平。

樊噲是一員猛將，又是劉邦的連襟，每次韓信拜訪他，他都是

「拜迎送」，但韓信一出門，總要說：「我今天倒與這樣的人為伍！」自傲如此，全然沒有當年甘受胯下之辱的情形。這樣，終於一步步走上了絕路。後人評價說，如果韓信不矜功自傲，不與劉邦討價還價，而是自隱其功，謙遜退避，劉邦再毒大概也不會對他下手吧。

孔子年輕的時候，曾經受教於老子。當年老子曾對他講：「良賈深藏若虛，君子盛德容貌若愚。」意思是善於做生意的商人，總是隱藏其寶貨，不令人輕易見之；而君子之人，品德高尚，而容貌卻顯得愚笨。

其深意是告誡人們，過分炫耀自己的能力，將慾望或精力不加節制地濫用，是毫無益處的。

俗話說「滿招損，謙受益」，才華出眾而又喜歡自我炫耀的人，必然會招致別人的反感，吃大虧而不自知。所以，無論才能有多高，都要善於隱匿，即表面上看似沒有，實則充滿的境界。

胡適先生晚年曾說：「凡是有大成功的人，都是有絕頂聰明而肯作笨功夫的人。」

1805 年，拿破崙乘勝追擊俄軍到了關鍵的決戰時刻。此時，沙皇亞歷山大見自己的近衛軍和增援部隊到來，便不想撤退而與法軍決戰。庫圖佐夫勸他繼續撤退，等待普魯士軍隊參加反法戰爭。此時拿破崙知道了俄軍內部的意見分歧，害怕庫圖佐夫一旦說服沙皇，就會失去戰機，於是裝出一見俄軍增援到來就害怕的樣子，停止追擊，派人求和，願意接受一部分屈辱條件。這更加刺激了沙皇，以為拿破崙如果不是走投無路，這樣傲慢的人決不會主動求和，因此斷定現在正是回師大敗拿破崙的時機，於是不聽庫圖佐夫的意見，向法軍展開進攻，結果落進了法軍的圈套，被法軍打得狼狽不堪。

所以，聰相不露，才有任重道遠的力量。這就是所謂「裝傻示愚，用晦如明」。人們不管本身是機巧奸猾還是忠直厚道，幾乎都喜歡傻呵呵不會弄巧的人，這並不以人的性情為轉移，因此，要達到自己的目標沒有機巧權變是不行的。

狼性法則告訴我們：在處世中要學會裝傻，懂得藏巧，不為人所識破，也就是「聰明而愚」。

狼性法則 19
善意謊言，必要策略

　　狼是最善於交際的食肉動物之一。它們並不僅僅依賴某種單一的交流方式，而是隨意使用各種方法。它們嚎叫、用鼻尖相互挨擦、用舌頭舔、採取支配或從屬的身體姿態，使用包括唇、眼、面部表情以及尾巴位置在內的複雜精細的身體語言或利用氣味來傳遞資訊。狼正是透過這種善意的交流，才形成一個強大的集體——狼群。

　　在這個高度發展的社會，我們往往會提倡人與人之間應該坦誠相待，但發現坦誠會使人在許多時候碰得頭破血流。在這裡，狼性法則告訴我們：許多時候，交際並不需要真實。

　　有時候，人與人之間會講一些善意的謊言，這源於我們的善良和友好。在有些特定的情況下，善意的謊言也同樣美麗。

　　有一位醫生，是一家醫院的主治醫生，一天他和他的朋友正在一起吃晚飯，突然他的電話響了，原來是值班醫生說剛剛送進一個重病人，這位醫生朋友二話沒說，放下筷子就跑了出去，他的朋友也隨他一同趕到醫院。

　　當他們來到醫院，看見傷者膝蓋以下幾乎體無完膚，且全身是血，並發出令人驚恐的喊叫聲。他的意識模糊、眼神呆滯，好像快要死了，然而這位醫生這時卻打了他一巴掌，大聲喝道：「堅強一點！這一點傷算得了什麼！我馬上就會把你治好的，你一定要撐下

去！」

醫護人員立即將傷者抬到了手術室，大約過了一個半小時之後，這位醫生從手術室走了出來。他的朋友問他：「你見到傷者時，你真是以為這樣的傷算不了什麼嗎？」這位醫生說：「當時，我心中的第一個念頭是『糟了，他恐怕是沒救了，因為大量出血，腰也扭斷了。』」「那麼你不是在說謊嗎？」「是啊，醫生是不應該說謊的，但有時卻不得不如此，我感到很為難。」這位醫生接著說，「我認為圓謊是名醫的條件之一，像剛才的情形，如果我老實說：『哇，這麼重的傷，一定沒有救了，他大概會當場就死去。話又說回來，這也是為了傷者好，所以醫生為了救患者的病不得不說謊。』」第二天，奇蹟出現了，那位傷者幸運地逃過了死劫。

如果按常理看醫生的說謊，顯然委屈了醫生，在特定的情況下，說謊反而於事有益。

謊言，在人際交往中幾乎是不可缺少的。有些人宣稱自己從來不說假話，這句話本身就一定是假話，當我們得知親人病重，當我們獲知朋友遭難，我們就時常會說一些與實際情形完全不相符的假話。從這個意義上看，世界上沒有不說假話的人。

許多假話在形式上與人際間真誠相處不相一致，但在本質上卻吻合於人的心理特徵和社會特徵，人都不希望被否定，人都希望猜測中的壞消息最終是假的。為了人們許多合理的願望暫時不至於落空，謊言就開始發揮作用。

真正能說好假話並不比說真話容易，首先應消除對謊言的偏見和罪惡感，這樣，我們才能把假話說好。

說假話有 3 條規則：

（1）真實

假話是無法真實時的一種真實。當我們無法表露自己的真實意圖時，我們就選擇一種模糊不清的語言來表達真實。當一位女友穿著新買的時裝，問我們是否漂亮，而我們覺得實在難看時，我們便開始用模糊的語言，回答說：「還好。」「還好」是一個什麼概念，是不太好或是還可以？這就是假話中的真實。他區別於違心而發的奉承和諂媚。

（2）合情合理

這是假話得以存在的重要前提，許多假話明顯與事實是不符的，但因為它合乎情理，因而也同樣能體現我們的善良、愛心和美好。

經常有這樣的事情：妻子患了不治之症不久將要死去，丈夫為之極感頹喪。他應該讓妻子知道病情嗎？大多數專家認為：丈夫不應該把事情的真相告訴她，也不應該向她流露痛苦的表情，以增加她的負擔，應該使妻子在生命的最後時期盡可能快活。當一位丈夫忍受著即將到來的永別時，他那與實情不符的安慰反而會帶給我們感動。因為在這假話裡包含了無限艱難的克制。

（3）必須

這是指許多假話非說不可，這種必須有時候是出於禮儀。例如，當我們應邀去參加慶祝活動前遇到不愉快的事情時，我們必須把悲傷和惱怒掩飾起來，帶著笑意投入歡樂的場合。這種掩飾是為了禮儀需要，怎能加以指責？有時候我們說假話是為了擺脫令人不快的困境。

例如，美國曾經就一項新法案徵求意見，有關人員質問羅斯：「你贊成那條新法案嗎？」羅斯說：「我的朋友中，有的贊成，有的反對。」工作人員追問羅斯：「我問的是你。」羅斯說：「我贊

成我的朋友們。」

當我們按照上述 3 條規則去說假話，它就會給我們帶來非凡魅力。只要我們心存真實，把假話僅作為交際的一種策略，這就是美麗的謊言。它是在善意基礎上交際的必要策略。

狼性法則 20
死纏難打，內堅外韌

「死纏難打」 也是狼的一種生存智慧。它的特色是以消極的形式爭取積極的效果。狼透過耐心和毅力，透過消耗對手的精力，給對手施加壓力，以自己頑強的態度達到影響對手態度和改變對手態度的目的，從而一舉殲滅對手。

這種做法也可以用於生活中，我們可以從狼性的生存法則中挖掘幾點小竅門：

（1）辦事時學會控制情緒

有一位政黨的領袖，正在指導一位準備參加參議員競選的候選人，教他如何去獲得多數人的選票。

這位領袖和那人約定：「如果你違反我教給你的規則，你得被罰款 10 元。」

「行，沒問題，什麼時候開始？」

「就現在，馬上就開始。」

「好，我教你的第一條規則是：無論人家怎麼損你、罵你、指責你、批評你，你都不許發怒，無論人家說你什麼壞話，你都得忍受。」

「這個容易，人家批評我，說我壞話，正好給我敲個警鐘，我不會耿耿於懷。」

「好的。我希望你能記住這個戒條，這是我教給你的規則當中最重要的一條。不過，像你這種呆頭呆腦的人，不知道什麼時候才

能記住。」

「什麼！你居然說我……」那候選人氣急敗壞地說道。

「拿來，10 塊錢！」

「呀，我剛才破壞了你的戒條了嗎？」

「當然，這條規則最重要，其餘的規則也差不多。」

「你這個騙──」

「對不起，又是 10 塊錢。」領袖攤手道。

「這 20 塊錢也太方便了。」

「就是啊，你趕快拿出來，你自己答應的，你如果不給我，我就讓你臭名遠揚。」

「你這只狡猾的狐狸！」

「10 塊錢，對不起，拿來。」

「呀，又是一次，好了，我以後不再發脾氣了！」

「算了吧，我並不是真要你的錢，你出身貧寒，你父親的聲譽也壞透了！」

「你這個討厭的惡棍。」

「看到了吧，又是 10 塊錢，這回可不讓你抵賴了。」這一次，那候選人心服口服了。於是，那位領袖鄭重地對他說：「現在你總該知道了吧，克制自己並不容易，你要隨時留心，時時在意。10 塊錢倒是小事，要是你每發一次脾氣就丟掉一張選票，那損失可就大了。」

這則小故事告訴我們，在辦事的過程中，能不能控制來自外界的刺激所產生的情緒，對於辦事的成功與失敗，有著舉足輕重的影響。

辦事需要良好的心理素質，你一定要善於控制自己的情緒，以

適應不同的辦事物件、辦事環境的需要，做到處險而不驚，遇變而不怒。

（2）耐心周旋

有些人臉皮太薄，自尊心太強，經不住人家首次拒絕的打擊。只要略一受阻，他們就臉紅，感到羞辱、氣惱，要麼與人爭吵鬧翻，要麼拂袖而去，再也不回頭。

看起來這種人很有幾分「你不給辦就拉倒」的「骨氣」，其實這是過分脆弱的表現，導致他們只顧面子而不想千方百計達到目的，於事業無益。

因此，我們在找人辦事時，既要有自尊，又不要抱著自尊不放。為了達到交際目的，有必要增強抗挫折的能力，碰個釘子臉不紅心不跳，不氣不惱，照樣微笑著與人周旋。只要還有一絲希望就要全力爭取，不達目的決不甘休。有這樣頑強的意志就能把事情辦成。

有個做保險的業務員，到一家餐廳拜訪店主，店主一聽到是保險公司的人，笑臉馬上收了起來。

「保險這件事，根本沒用。為什麼呢？因為必須等我死了以後才能領錢，這算什麼呢？」

「我不會浪費您太多的時間，您只要挪幾分鐘的時間讓我為您說明就好了！」

「我現在很忙，如果你的時間太多，何不幫我洗洗碗盤呢？」

店主原是以開玩笑的口吻戲謔他，沒想到年輕的保險員真的脫下西裝外套，捲起袖子開始洗了，老闆娘嚇了一大跳，大喊：「你用不著來這一套，我們實在不需要保險！所以，不管你怎麼說，怎麼做，我們絕不會投保的，我看你還是別浪費時間和精力了！」

保險員每天都來洗碗盤，店主依舊是鐵石心腸地告訴他：「你

再來幾次也沒有用，你也用不著再洗了，如果你夠聰明，趁早找別家吧！」

但是這位有耐心的保險員依然天天來洗，10 天、20 天、30 天過去了。到了第 40 天，這個討厭保險的店主，終於被這個青年的耐心感動了，最後答應他投高額保險，不僅如此，而且還替這位有耐心的年輕保險員介紹了不少生意！

（3）尋求理解

有時候你去托人辦事，對方推著不辦，並不是不想辦，而是有實際困難，或心有所疑。這時，你若僅僅靠行動去「磨」，很難奏效，甚至會把對方「磨」火了，纏煩了，更不利於成功。

如遇這種情形，嘴巴上的功夫就顯得十分重要了。

（4）反覆申請

同樣的意思，反覆申請、反覆渲染、反覆強調，不達目的，誓不甘休。面對頑固的對手，這是一種有力的武器。

宋朝的趙普曾做過太祖、太宗兩朝皇帝的宰相，他是個性格堅韌的人。在輔佐朝政時，他自己認定的事情，就是與皇帝意見相悖，也敢於反覆地堅持。

有一次趙普向太祖推薦一位官吏，太祖沒有允諾。趙普沒有灰心，第二天臨朝又向太祖提出這項人事任命的事項請太祖裁定，太祖還是沒有答應。趙普仍不死心，第三天又提出來。

連續 3 天接連 3 次反覆地提，同僚也都吃驚，趙普何以臉皮這樣厚。太祖這次動了氣，將奏摺當場撕碎扔在地上。

但趙普自有他的做法，他默默無言地將那些撕碎的紙片一一拾起，回家後再仔細粘好。第四天上朝，話也不說，將粘好的奏摺舉過頭頂，立在太祖面前不動。

　　太祖為其所感動，長歎一聲，只好准奏。

　　同樣的內容，兩次、三次不斷地反覆向對方說明，從而達到說服的目的。運用這種說服法，須有堅韌的性格才行，內堅外韌，對一度的失敗絕不灰心，找機會反覆地盯上門去。

　　需要注意的是，運用此法要有分寸，超過限度，傷害了對方的感情，反而會收到反效果。所以運用此法要謹慎，以不過度為限。

狼性法則 21
成人之美，人情精髓

有這樣一則關於狼的寓言：

一天，獅子建議 8 隻野狗和 1 隻狼同它合作獵食。它們打了一整天的獵，一共逮了 10 隻羚羊。獅子說：「我們得去找個英明的動物幫我們分配這頓美餐。」

一隻野狗說：「一對一就很公平。」獅子很生氣，立即把它打昏在地。

其它野狗都嚇壞了，這時那隻狼鼓足勇氣對獅子說：「尊敬的獅子先生，我們可以這樣分：如果我們給您九隻羚羊，那您和羚羊加起來就是 10 隻，而我們加上一隻羚羊也是 10 隻，這樣我們就都是 10 隻了。」

獅子滿意了，說到：「你是怎麼想出這個分配的妙法的？」狼說：「當您打昏野狗時，我就立刻想到了這件成人之美之事。」

「成人之美」的事，在今天的社會到處都是，大凡是好事，好願望，你伸出熱情的手，予以大力幫助，使之功成事就，都可以說是「成人之美」的「君子」行為，都是得人心，受歡迎的。

那麼，我們如何選擇一個恰當的時機來「成人之美」 呢？狼性法則告訴了我們這樣幾點：

（1）份內份外都要幫

當你正在潛心於某項工作，或全身心投入一份你所熱衷的事業，或沉浸於你所賴以生存的一份職業時，有可能受到來自朋友、

親戚、同學或同事的求助等分外之事的干擾，需要你分出時間，分出心思和精力去應付它。

　　如果應承這類分外的事，勢必影響你所進行的工作，你會覺得不愉快、不甘心。如果拒絕它、排斥它，你也會感到心裡不安，還可能受到無謂的攻擊，受到周圍的冷淡，你會同樣過得不舒服、不愉快。

　　應承分外之事的干擾或排除分外之事的干擾，不僅是一個怎樣對時間進行合理操作的技巧問題，而且是一個怎樣認識自己生命意義的根本問題。

　　在應承分外之事或拒絕分外之事的兩難情景裡，你可以首先從應承分外之事方面著想。你受到分外之事的干擾，用於你所進行的主要工作的時間相對減少了，你在這裡感到有所損失，有所不安。但你收穫的可能是良好的人際關係，所以，你不該有不安的感覺。

　　分外之事，同事、友人求助之類也許只是一時占去了你的時間，從長遠著想，從整體著想，實際上可能並不會對你造成損失，它可能對你眼下所進行的工作產生間接的作用，或者對你將來的工作產生間接的作用。那麼這份「干擾」也就不成其為干擾了。

　　如果經常與人方便，常替別人分擔憂愁，幫助別人，日積月累，時間長了，你處世行事將四通八達，這將大大多於你當初因拒絕別人而省下的那一點點時間的損失。

　　（2）幫忙後給別人面子

　　生活中經常有這樣的人，幫了別人的忙，就覺得有恩於人，於是心懷一種優越感，高高在上，不可一世。這種態度是很危險的，常常會引發反面的後果，也就是：幫了別人的忙，卻沒有增加自己人情帳戶的收入，這是因為這種驕傲的態度，把這筆賬抵銷了。

據說，古代有個大俠名叫郭解。有一次，洛陽某人因與他人結怨而心煩，多次央求地方上有名望的人士出來調停，對方就是不給面子。後來他找到郭解門下，請他來化解這段恩怨。

郭解接受了這個請求，親自上門拜訪委託人的對手，做了大量說服工作，好不容易使這人同意了和解。

照常理，郭解此時不負人托，完成了這一化解恩怨的任務，可以走人了。可郭解還有高人一著的棋，有更技巧的處理方法。

一切講清楚後，他對那人說：「這個事情，聽說過去有許多當地有名望的人調解過，但因不能得到雙方的共同認可而沒能達成協議。我在感謝你的同時，也為自己擔心，我畢竟是外鄉人，在本地人出面不能解決問題的情況下，由我這個外地人來完成和解，未免使本地那些有名望的人感到丟面子。」

郭解進一步說：「這件事這麼辦，請你再幫我一次，從表面上要做到讓人以為我出面也解決不了問題。等我明天離開此地，本地幾位紳士、俠客還會上門，你把面子給他們，算作他們完成此一美舉吧，拜託了。」

可見，人都愛面子，你給他面子就是給他一份厚禮。有朝一日你求他辦事，他自然要「給回面子」，即使他感到為難或感到不是很願意。這，便是操作人情帳戶的精義所在。

狼性法則 22
遇強示弱，遇弱示強

　　非洲草原上經常出沒獅子和老虎，它們體格強壯，動作迅猛。對於狼來說，這些大傢伙無疑是它們肉食競爭中的強勢對手。遇到這種情況，它們會吃一些大型動物的剩餘之物，當它們遇到一些實力相對弱小的動物時，它們會主動發起攻擊。

　　它們深深地懂得：欺軟怕硬是動物的天性，弱肉強食是自然的鐵律。只有遇強示弱，遇弱示強，才能在自然叢林中更長久地生存下去。

　　一般來說，人不太容易改變自身的強或弱，但卻可以用示強或示弱的方式來為自己爭取有利的位置。

　　誠然，每個人有先天的強與弱以及後天的強與弱，無論是強也好，弱也好，我們可以透過學習及經驗的累積，巧妙地獲得生存的機會，進而為自己爭取較豐沛的利益。

　　漢王劉邦派人去遊說九江王英布投降，英布猶豫再三，最後勉強同意了。

　　英布來拜見劉邦，進門卻發現漢王正坐在椅子上洗腳，對他十分冷淡。英布怒髮衝冠，覺得受了羞辱，後悔自己來投靠。

　　但是，等到他出來，回到住處，發現帳幕、飲食、隨從都與漢王的住所一樣，英布又十分高興了。

　　開始時，劉邦對英布出乎他人的傲氣，以「遇弱示強」之法，樹立起自己的權威，隨後又出乎意料地重視，是告訴他在這裡能夠

得到所追求的東西，使其死心塌地效忠於自己。

可見，在社會上行走時，遵循「遇強則示弱，遇弱則示強」的狼性法則是尤為必要的。

「遇強則示弱」的意思是：如果你碰到的是個有實力的強者，而且他的實力明顯高過你，那麼你不必為了面子或意氣而與他爭強；因為一旦硬碰硬，固然也有可能摧折對方，但毀了自己的可能性也很高；因此不妨示弱，以化解對方的戒心。

強欺弱，勝之不武，大部分的強者是不做的。但也有一些富侵略性的「強者」有欺負「弱者」的習慣，因此示弱也有讓對方摸不清你虛實、降低對方攻擊有效性的作用；一旦他攻擊失敗，他便有可能收手，而你便獲得了生存的空間，並逆轉兩者態勢，他再也不敢隨便動你了。至於要不要反擊，你要慎重考慮，因為反擊時你也會有所損傷，這個厲害關係是要加以評估的，何況還不一定能擊敗對方。因此，須謹記「存在」才是主要目的。

而「遇弱則示強」其意思是：如果你碰到的是實力較你弱的對手，那麼就要顯露你比他「強」的一面。這並不是為了讓他來順從你，或滿足自己的虛榮心或優越感，而是弱者普遍有一種心態，不甘願一直做弱者，因此他會在周遭尋找對手，以證明他也是一個「強者」。你若在弱者面前也示弱，正好引來對方的殺機，徒增不必要的麻煩與損失。示強則可以使弱者望而生畏，知難而退。所以，這裡的示強是防衛性的，而不是侵略性的，而侵略也必為你帶來損失，若判斷錯誤，碰上一個「遇強示弱」的對手，那你不是會很慘嗎？

人群裡沒有絕對的強與弱，只有相對的強與弱；也沒有永遠的強與弱，只有一時的強與弱。因此強者與弱者，最好維持一種平衡、

均勢。只要你願意，也不論你是弱者或強者，「遇強則弱，遇弱則強」只是其中一個方法罷了。

狼性法則 23

不夠分量，免開尊口

　　正如上文所提的，狼遇到大型肉食動物時，它們只能默默地去吃一些殘渣剩肉，這正是狼的聰明所在。在獅子和老虎面前，它們每個個體還不夠分量與之爭食，只有保持沉默。

　　人在交際處世中，若場合不對，有價值的話會被當成一文不值，因此不如先以沉默應對。

　　所謂「人微言輕」是指：身份不夠的人，說話沒分量。

　　所謂「沒有分量」不是指所說的話沒有見地、沒有價值，而是沒有人重視，甚至沒有講話的機會。

　　首先說說所謂「人微」——身份不夠。

　　怎樣才是身份夠、身份不夠？

　　身份夠不夠沒有標準，它完全是相對的，也就是說，當同一場合的人中，別人的職位比你高，資歷比你深，專業素養比你深厚，那麼你就是「人微」了。但若換另一個場合，其他人都不如你，或至少和你差不多，那你的身份就不一樣了。

　　那麼，為何「人微」就會「言輕」？

　　其實並不是人微就會言輕，而是因為以下的原因：

　　第一，人們總喜歡以老賣老。認為他經驗豐富，他的看法才對；你若經驗少缺，再好的看法也會被反駁。

　　第二，崇拜或迷信權威；權威不一定正確，但人們卻又需要權威，因為權威可以讓大家有安全感、有所依賴，你若權威性不夠，

當然所說的話就沒有分量了。

第三，面子問題；如果你的身份和他們相差懸殊，他們連讓你在現場都覺得沒面子了，你還說話，他們不是更沒面子嗎？所以他們根本不會重視你的話。

第四，自私的需要；在某些場合，有些人就算意見相左，但基本上仍是利益共同體的一員，他們怎麼可能讓你這身份不夠的人一兩句話就影響他們？

第五，刻板觀念；有這種觀念的人，認為身份不夠的人所說的話也沒有分量，所以沒人聽。

因為上述原因，所以人微言輕，這是自然的人性現象，沒什麼好奇怪的，但處在這種情況中，我們有必要瞭解一些法則：

（1）既然人微言輕，那就少開口

因為你沒有機會開口，就算開了口，也不會有人重視，甚至還有被嫌惡的可能。比較好的方法是先以沉默的方式取得別人對你存在的認可，並慢慢地賦予你說話的權利；如果你的話有價值，自然就會產生力量；最忌諱的是不甘寂寞，企圖以言語吸引別人的注意，以確立自己的地位，如果這麼做，將會被驅離那個圈子，如果又言之無物，那麼一次就夠了，你再也沒有翻身的機會。

（2）如果你非說不可，姿態要很低，以免引起反感

如果你的話很有價值，有可能引起迴響，但更有可能當場就受到駁斥，或在事後受到壓制，哪怕你說的是真理。

掌握了上述兩條法則，我們可以維護自己的尊嚴，在人際交往中我們可以更好的處世。

狼性法則 24

以人為師，勿為人師

　　狼不是靠它生下來就擁有的生存能力，而是靠從自然界中的每一種事物及其它動物身上學習更多的捕獵技巧。它們學習獅子的經驗，學習獵豹的速度……它們處處以有能力的動物為師，這是它們的絕對高明之處。

　　孔子說：「三人行，必有我師。」這句話非常實在，因為人各有所長，智慧也各有高低，因此，人應在人群中尋找可以啟發自己智慧的人。對自我成長而言，孔子的這句話是相當有價值的。

　　在人群中，你以別人為師，除了可增進自己的能力之外，也可以滿足對方的優越感以及虛榮心。很多老師一教就是一輩子，多多少少也有這種被滿足的心理。

　　但是，「好為人師」卻不是一件好事。

　　這裡的「好為人師」指的不是「喜歡當老師」，而是指喜歡指點、糾正別人。

　　有一種人，喜歡在工作上指出別人的錯誤，並「貢獻」自己的意見，也喜歡在言語上指正別人的缺點，例如交友方式、衣服髮型、教育子女的方法……

　　這種人有的純粹是一片善心，對旁人的錯誤無法袖手旁觀；有的則是自以為是，認為別人觀念有問題，只有他的觀念才是對的。

　　不管基於什麼心理，也不管你的意見是對是錯，是好是壞，一旦你主動提出來，你就犯了忌諱——侵犯了人性裡的「自我」。

在動物叢林中，狼是從來不做這種愚蠢的事情的。如果它們認為獅子太過於殘暴，它們就去指點獅子的缺點，這無疑是自掘墳墓。

你要知道，每個人都在努力建立一個堅固的自我，以掌握對自己心靈的主動權，並經由外在的行為來檢驗自我強固的程度。你若不瞭解此點而去揭露他的錯誤，他會明顯地感受到他的自我受到你的侵犯，有可能不但不接受你的好意，反而還採取不友善的態度。尤其在工作方面，你的熱心，根本就是在否定他的智慧和能力，甚至他還會認為你是在和他搶功勞，總之，他是不會領情的。

所以說「好為人師」是人際關係的障礙。

如果你非要「為人師」不可，則必須從狼性法則中提煉出幾個前提才行：

（1）兩人關係密切

你基於「義」而提出意見的話，他有可能會接受你的意見，但不接受的可能性也相當高，這是人性，沒什麼道理好說。

（2）你在他心中夠分量

如果他一向敬重你，那麼他有可能接受你的意見，但他表面聽從，私下不理你的可能性也很大。如果分量不足，那就別自討沒趣。

（3）你是他的長輩或上級

基於倫理及利害關係，他有可能會接受你的意見，但也不儘然。

總之，人都有排他性，也有「雖然知道不對也要做下去」的自我毀滅意識，這是他個人的選擇。

因此，與其「好為人師」招惹麻煩，不如「視人為師」求自己的成長，別人的事，管那麼多幹嘛。除非他來「請教」你，但該說

多少，還是要有所斟酌的。

狼性法則 25

巧用虛榮，恭維有度

　　狼的生存法則是自然界最本質的智慧精華，一切都是為了生存！作為小型食肉動物，狼族或許面對的是最艱難的生存環境。

　　為了能夠在這個弱肉強食的環境下生存，狼能夠巧用虛榮，對那些大型動物恭維有度，這才使自己順利生存下來。但這絕不是獻媚，這一切都是它們的生存法則。

　　有一種觀點認為，人自從降生以來，虛榮就開始與其相伴。年幼時，凡事都以自我為中心；長大以後，也只是學會讓步。即使人死了，虛榮也不會消失，墓碑也會向他人炫耀自己的「光榮」。

　　每個人多多少少都會有一點「自我愛」，而且虛榮在某種程度之內是被允許的。因此說，虛榮也有好的一面，因為它能使人重視自己，自尊、自立、上進心都是從「自我愛」的土壤中長出來的。但是，愛是盲目的，當一個人過分沉溺於「自我愛」和虛榮中時，就看不見厭惡的眼光，並且很容易會引起他人的反感。

　　「自我愛」可以成為人的力量，但也會給人性帶來危害。沒有一個人被誇獎時會不高興；因為自古以來，人就是住在虛榮大海中的一條魚。

　　有一個人做生意失敗了，但是他仍然極力維持原有的排場，惟恐別人看出他的失意。為了能重新站起來，他經常請人吃飯，拉攏關係。宴會時，他租用私家車去接賓客，並請了兩個鐘點工扮作女傭，佳餚一道道地端上，他以嚴厲的眼光制止自己久已不知肉味

的孩子搶菜。雖然前一瓶酒尚未喝完，他已砰然打開櫃中最後一瓶 XO。當那些心裡有數的客人酒足飯飽告辭離去時，每一個人熱烈地表示致謝，並露出同情的眼光，卻沒有一個主動提出幫助的。

希望博得他人的認可是人的一種無可厚非的正常心理，然而，人們在獲得了一定的認可後總是希望獲得更多的認可。所以，人的一生就常常會掉進為尋求他人認可而活的愛慕虛榮的牢籠裡面。事實上了需要征得他人的認可和同意的虛榮心理：你對我的看法比我對你的看法更重要。

就常理而言，人犯了過錯，得到別人的諒解後，常常還會有自己不能原諒自己的情形；有時在許久之後，每想起那一次過錯，仍然會感覺到些許的刺痛，這種感情如此強烈，是因為傷到了人的虛榮心，所以傷痕不容易治癒。

「自我愛」是絕對健康的，以自我為中心也並沒有錯，因為人是惟一能說出「我」的動物；但是絕不能過分，因為一個人假如一味地溺愛自己，追求虛榮，就是對自己的殘害。

每個人都希望別人眼中有自己，所以當別人誇獎自己時，每一個人都會很高興。因此，當一個人想要操縱另一個人時，常常就會激發對方的虛榮心，把己之所欲施於人。所以在日常生活中，適度地恭維別人的為人、處世、衣著等，可以很好地得到別人的歡迎和欣賞。

虛榮心必須有個尺度，特別是在與競爭對手相處時，更應該力戒虛榮，否則就會被別人利用。

貪婪過多，招來自毀

狼永遠都不會忘記：天下沒有免費的午餐！

貪婪是困擾人類永恆的難題。貪婪也被很多人認為這是狼的本性，其實，對於貪婪，狼總是能夠把握有度的。否則，過多的貪婪只會讓它們走向死亡。

人是感情的動物，無論是什麼人，只要進入社會，接觸到物質社會的利益，都會在心裡產生各種慾望。

人的貪婪與否，慾望的多少直接關係到人品的高低和事業的成敗。一個人只要心中出現一點貪婪和私心雜念，他本來的剛直性格就會變得懦弱，聰明就會變得昏庸，慈悲就會變得殘酷。不論在什麼社會，什麼國家，貪婪者、自私者都是卑鄙的、遭人唾棄的，都會受到社會的譴責，受到公眾的鄙視。

古時候，有一個放羊的男孩，一個偶然的機會，他發現了一個深不可測的山洞，這個地方很隱蔽，他從未涉足過。好奇心促使他一步步地往山洞深處走去。突然，就在洞的深處，他發現了一座金光閃閃的寶庫。天哪！這是不是就是人們常說的天下第一寶藏呢？放羊的男孩很是好奇，他從來沒見過這麼多金子，他很高興。他小心地從幾萬噸的金山拿了小小的一條，自言自語道：「要是財主不再讓我幫他放羊的話，這塊金子也夠我生活很長一段時間的了。」

然後，他從金庫出來，不急不忙地將羊趕回了老財主家，又如實地將一天的發現告訴了財主。還把自己撿到的那塊金子拿出來給

財主看，讓他辨別其真假。財主一看、二摸、三咬之後，一把將放羊的男孩拉到身邊，急切地問藏金子的洞在哪裡。男孩把藏金子的山洞的大體位置告訴了他，老財主馬上命令管家與手下的打手們直奔男孩放羊的那座山，還擔心男孩的話不真，讓男孩為他們帶路。

　　財主真的很快看到了金山，高興得不得了。他想：這下我可發了大財了，他趕忙將金子裝進自己的衣袋，還讓一起進來的手下猛拿。就在他們把小男孩支走，準備帶走所有的金子時，洞裡的神仙發話了：「人啊，別讓慾望負重太多，天一黑下來，山門就要關了，到時候，你不僅得不到半兩金子，連老命也會在這裡丟掉，別太貪婪了。」

　　可財主就是聽不進去，他想山洞這麼空闊，而且又那麼堅硬，就是天大的石頭砸下來，也砸不到自己的頭上，何況這裡有這麼多的金子呀！不拿白不拿，負重一點有什麼怕，擁有了這些金子，出去後我不就是大富翁了嗎？於是財主還是不停地搬運，非要把金山搬空不可。突然間，山洞裡響起了震天的雷聲，在巨大的聲響過後，山洞全被地下冒出的岩漿吞沒掉了，財主別說是當富翁啊，就是連自己性命也丟在了火山的岩漿之中。

　　人在進入社會後有各種各樣的慾望，人有慾望這無可厚非，有的人的慾望是客觀的、有節制的，這樣的慾望則會是一種目標，一股動力，他可以使人具有方向性；而有的人的慾望則是主觀的、無限制的，甚至連他自己也說不清楚需要多少才能得到滿足。這樣的慾望則會給自己增加壓力，超負荷的慾望會羈絆人前進的腳步，有的甚至會將其引向歧路。

　　可見，人的慾望不能太重、太多，只有這樣，一個人才能在社會上立足，也才能夠不被慾望所左右。

狼性法則 27
駕馭憤怒，免除懊悔

　　一條小狼被豹咬傷了，小狼的媽媽——母狼看到這種情形氣憤極了。它真想立刻再找那只可惡的豹算帳。但是它馬上冷靜下來，它想以這種情緒去對付豹，自己肯定會吃虧的。於是它靜下心來以觀靜變。

　　人生在世，每個人都會遇到一些因某種原因而帶來的憤怒情緒，有些時候，這種情緒會成為妨礙你往前走的包袱。改變這種心態的法則是學會駕馭憤怒。

　　誠然，在現實社會中，有的憤怒是必要而重要的——比如，對社會上不公正的憤怒，或先知們對所處的腐敗時代的憤怒。但是，一個人如果不加控制地對別人表示憤怒，那麼，他將受到譴責。

　　那麼，當人們不能駕馭自己的性情時，該怎麼辦呢？

　　有一個叫虔誠的人，脾氣很壞，當人們和他爭吵時，他不是應答，而是喊叫和詛咒。而平靜下來後，他又會為自己的舉動而懊悔。

　　他去問一個先賢：「我怎樣才能在憤怒的時候不詛咒別人？」

　　先賢回答說：「你可以在詛咒之後毅然對自己說：‘我對他詛咒的一切都會發生在我的頭上。’或在詛咒之前說：‘我詛咒他的一切也許會落到我頭上。’。這樣你就不會詛咒了。」

　　但是，那人不願意聽從這個建議。相反的，他每次喊叫和詛咒的時候，都毅然決定要貢獻一份施捨，一想到要拿出那麼多錢，他就不敢再詛咒了；而且對他而言，施捨是對壞脾氣的賠償；但對施

捨而言，壞脾氣是利益之源。這是駕馭自己性情很有效的方式。

希賴爾是一位智賢，他出生在巴比倫，他一生中從來沒惱怒過，但有兩個閒人卻特意設計出一系列令人惱怒的問題，想激怒希賴爾。

為此，他們兩個人各下了 400 祖茲（古阿拉伯貨幣單位）的賭注。他們說：「誰能惹希賴爾發怒，誰就能得到這 400 祖茲。」

其中的一個人就去了。那天是安息日前夕，時近黃昏，希賴爾正在洗頭，那人來敲門。

「希賴爾在哪兒？希賴爾在哪兒？」那人大聲喊叫著。

希賴爾披上一件外套，出來迎接。

「孩子，」他說，「怎麼啦？」

那人說：「我需要問一些問題。」

「問吧。」 希賴爾說。

那人問道：「為什麼塔德莫瑞特人的眼睛是模糊的？」

「因為，」 希賴爾說，「他們住在沙漠，風沙吹啊吹的，他們的眼睛就變得模糊了。」

那人離開了，等了一會兒，又回來敲門。

「希賴爾在哪兒？」他大聲喊叫著，「希賴爾在哪兒？」

希賴爾披上外套走出來。

「孩子，」他說，「怎麼啦？」

那人回答說：「我需要問幾個問題。」

「問吧！」 希賴爾說。

那人問道：「為什麼非洲人的腳是平的？」

「因為他們居住在潮濕的沼澤中，」 希賴爾說，「任何時候他們都走在水裡，所以他們的腳是平的。」

然後，那人離開了，等了一會兒，又回來敲門。

「希賴爾在哪兒？」他大聲喊叫著，「希賴爾在哪兒？」

希賴爾披上外套走出來。

「你想問什麼？」他問道。

「我要問一些問題。」那人說。

「問吧。」希賴爾對他說。他穿著外套，在那人面前坐了下來，說：「問什麼？」

那人說：「這是王子回答問題的方式嗎？整個以色列再沒有像你這樣的人了！」

「天哪！」希賴爾說，「我要馴服你的靈魂！你想要什麼？」

那人問道：「為什麼巴比倫人的頭是長的？」

「孩子，」希賴爾回答說，「你提出了一個重要的問題，在巴比倫，由於沒有熟練的接生婆，嬰兒出生的時候，奴隸和婦女在他們的腿上照料孩子。所以巴比倫尼亞人的頭是長的。可是在這裡，有熟練的接生婆，嬰兒出生的時候，在搖籃裡能得到很好的照料，他們的頭受到摩擦。這就是為什麼巴勒斯坦人的頭是圓的。」

「你讓我失去了 400 個祖茲！」那人大喊起來。

希賴爾對他說：「你因為希賴爾失去 400 個祖茲，也比希賴爾發脾氣更好些。」

從這個故事中可知，在一個會令絕大多數人狂怒的情形下，希賴爾卻以溫和的方式控制自己，並最終馴服對方。這才是為人處世的大智慧。

狼性法則 28

人情變化，有跡可尋

狼群在圍獵之前總要進行仔細觀察，這種觀察最長的時候會持續幾天時間。在這個漫長的過程中，它們要忍受變幻無常的天氣和蚊子的折磨，最可怕的是它們還要忍受饑餓，長達數日沒有任何食物。但是為了捕到獵物，它們必須隨時瞭解周圍的環境變化。

在人性叢林中生存，我們也應該像狼一樣多瞭解一些人與人之間的人情變化。當然，瞭解人情變化不是為了刺探別人，而是為了瞭解人我之間關係的變化，使自己處在「主動」的有利態勢上。

所謂的「人情」，即指人的喜怒哀樂與好惡。要瞭解一個人的喜怒哀樂與好惡不難，難的是當這些「人情」產生變化時，從何得知？

老於世故的人不會把人情的變化說出來，也不會擺在臉上；你以為他還是像以前那樣，可是真正接觸，才發覺不是那麼回事。而實際上，這也不是老於世故的人喜歡故弄玄虛，而是他們熟知人性的遊戲規則，懂得必須站穩自己的立場，先求保護自己，所以才不得不讓他人猜啞謎。

難道「人情變化」就這麼難以捉摸？

不是的，根據狼性法則，人情變化也是有跡可循的，方法如下：

（1）先觀察

觀察其平常的言語及行為，這些資料經大量累積之後，自然可理出對方若干思維模式及行為風格，這是「平常」；當發現對方的

言行有了「異常」，如由親而疏，或由疏而親，由熱而冷，或由冷而熱時，用「平常」來檢視這「異常」，必可瞭解「內中文章」。

（2）接下來要求證，以免判斷錯誤

求證的方法很多，可開門見山，可旁敲側擊，可迂迴向第三者進行瞭解，至於採用何種方法，要看事件的性質，你的目的及你與對方的關係。不過，一般來說，開門見山應盡量避免使用，因為你無法測知對方的反應，有時反而會把問題弄糟，甚至產生誤會。最好是，能迂迴盡量迂迴，能旁敲側擊盡量旁敲側擊。

在這裡，需要再強調一下，瞭解人情變化的目的是為了瞭解人我之間關係的變化，使自己成為人際交往中的主動者。若不如此，自己反而成為被動者，不但不能掌握機會，也不能保護自己免受傷害，很可能在人生的旅途上，成為落敗者。

另外，還有一點也很重要，瞭解人情變化，可用來檢討自己的處世方法。因為人情的變化並不完全是對方個人的因素，有時僅僅是他對你的行為所起的反應，並不見得含有心機，這時，你若不能及時修正你的行為，很可能就會失去朋友，失去機會。

「人性」是看不見的，因此「人類社會」也是一座看不到的叢林。因為不是實體，所以就沒有「阻礙」，理應可以通行無阻，可是事實不然。

人情的陰晴風雨變化，比實際叢林中的變化還劇烈，只不過這種變化既無聲又無相，因此，對人情反應遲鈍的，免不了要吃一些虧。所以，在人際交往中，對人情的變化不能不加以注意，如此才能進退有據。

狼性法則 29
細節魔鬼，能成能敗

在自然界中，到處都可能存在著陷阱，隨時都可能有生命的危險，一不小心，就有可能落入陷阱，或者成為敵人的食物。所以狼會注意它所看到的每一個細節，時刻觀察身邊環境，任何一點風吹草動都逃不過狼的眼睛。

在現實生活中，細節——因其格外細小而常常被人忽略，但這絕不意味著細節無關緊要。大量的事實表明，能否充分重視交際中的細節，直接關係到交往的成敗，正所謂「成也細節，敗也細節」，粗疏大意者常因忽略細節而功虧一簣。

有一家中國公司，為了能從美國引進一條生產無菌點滴軟管的先進生產線，做了長期的艱苦的努力，終於說服了對方，要在引進合約上正式簽字了。可是，就是在簽字的那一天，在步入簽字現場的一剎那，中方廠長突然咳嗽了一聲，一口痰湧了上來，他看看四周，一時沒能找到可供吐痰的痰盂，便隨口將痰吐在了牆角，並小心翼翼地用鞋底蹭了蹭，那位精細的美國人見此情景不由地皺了皺眉。

顯然，這個隨地吐痰的小小細節引起了他深深的憂慮：點滴軟管是專供病人輸液用的，必須絕對無菌才能符合標準，可西裝革履的中方廠長居然會隨地吐痰，想必該廠工人素質不會太高，如此生產出的點滴軟管，怎麼可能絕對無菌？於是，當即改弦更張，斷然拒絕在合約上簽字——中方將近一年的努力也便在轉眼間前功盡

棄。

　　一個「細節」砸了一筆生意，這不能不引起我們的重視。

　　反之，如果多注重細節，往往就奠定了成功的基礎。這方面的例子也不罕見。

　　某公司高價招聘一位白領員工，不少人前來應聘，但只有一人順利過關，為什麼？因為細心的經理注意到了一個細節。原來，當女服務員為這些應聘者遞來茶水時，只有他一人很禮貌地站起來並用雙手接過，還說了聲「謝謝」。

　　無獨有偶，有家幼兒園招聘園長，在眾多的應聘者中也是只有一人順利過關，其原因也是因為一個細節。原來，只有她一個人在上樓梯時，為站在那裡的一個流著鼻涕的小男孩擦了擦鼻涕，而這個被大家忽略了的小男孩，乃是招聘者提前安排好的。做幼教工作者理應充滿愛心，理應真誠地熱愛孩子，而那位有幸被錄用的女士也正是透過主動為孩子擦鼻涕的細節體現了她的神聖的愛心。

　　同理，在交際場合中，尤其是事關重大的交際場合，也一定要注意細節，做到「滴水不漏」、「一絲不苟」，這樣才會給別人留下好印象。

狼性法則 30

見人說話，投其所好

在一個狼群的內部，每一隻狼都具有自己獨特的聲音，這聲音與群體內所有其它成員的聲音不同。但是狼群深情地嚎叫時，它們卻成為一個最完美的群體。

這種嚎叫就是狼的語言的最直接表達方式，正是這種交流方式使它們成為一個和諧的整體。

語言在人際交往中也同樣發揮著重要的作用，俗話說：「一句話讓人笑，一句話讓人跳。」這句俗語就說明了與人交談時若能投其所好，自然就可以得到對方的好感，但倘若一句不慎，則會令對方惱火，而幾乎所有在談話中出現的失誤或錯誤，都是由於沒有認真考慮話題才造成的。

一般而言，多數情況下沒有人提醒我們說話時欠考慮或沒有考慮，但只要注意聽一下自己講的話和對方的反應就可以發現我們的不足。

有時，我們會發現別人對我們所說的話並不感興趣，這並不是因為我們所說的話題沒有意義，而是因為沒有「對症下藥」。俗話說，見什麼人說什麼話。

另一方面，在說話的內容上要隨著交流的物件的不同而有所變動。比如跟農民要說糧食、土地、收成，跟工人得多講鋼鐵、布匹、效益、獎金，跟知識份子得談他的事業、愛好，等等。

見人說話，投其所好，不是為了討好對方，而是為了能與對

更好地交流。以對方喜歡的方式進行交流，會讓對方有一種被人接受、被人承認的感覺。找到對方感興趣的話題，會使對方感到親切，並願意與你談下去。而所謂的話題，就是言談的中心。

　　有位汽車推銷員，為了手上的進口高級車，專程拜訪一位企業家。可是見面的開始他並不談買車的事，反而先拿出兒子的集郵冊，原來他的兒子與企業家的兒子是同班同學，他知道企業家為了替兒子搜集郵票，總是不辭辛苦勞，樂此不疲。他用這件事當話題，兩人很快就有了共同語言，並且談得很投機，最後在快要告辭稍微提一下車子的事，當然就順利賣出了。

　　話題的選擇反映著言談者品位的高低。如能選擇一個好的話題，使雙方有了共同的語言，往往就代表著交流成功了一大半。

　　根據狼性法則，我們可歸納出以下幾點來選擇話題。

　　首先，要選擇交談者喜聞樂見的話題，如天氣狀況、風土人情、體育比賽、電影電視、旅遊度假、烹飪小吃等。

　　其次，要回避眾人忌諱的話題。而個人的私生活（包括一個人的年齡、婚姻、履歷、收入、住址等其他方面的家庭情況）、令人不快的事件（疾病、死亡、醜聞、慘案等），以及某人生活習慣、宗教信仰、政治主張等均少談或不談為好。

　　此外，切記不宜談論自己不甚熟悉的話題。

　　而性格比較穩重、內向、好靜的人，他們在與陌生人交往時往時不願意多說，不願先開口。當你與這種人交談時，可以滔滔不絕地談，讓對方聽。但要看對方高興不高興聽，只要對方高興聽，就講下去。講完之後等一會兒，讓對方來談，如果他還是不講，你可以問一些問題讓他回答。等雙方熟悉以後，他自然就有表達的慾望了。人想說話的願望都是一樣的，只是有些人要對交談者有了瞭解

之後才樂意談。所以，一開始你對自己講，邊講邊觀察對方，看他有插話的慾望時就讓他講，千萬不能不看對方的情緒不停地講。對方一開始插話你就要認真地聽，變換個角色，變成他講你聽。

與人交談時，不要只考慮自己說得痛快，而不考慮對方聽得高興與否。如果對方不高興聽的話題，說出來只能自找沒趣，輕者對方不理，重者對方生氣，與你辯駁或起身告辭（或趕你離開）。

另外，要注意一點，切記不要重複，不管是一遍又一遍地講同一個故事，還是講那些聽起來有趣的細節，很多事情簡單地講述或第一次講都很有趣，但沒有任何事情值得重講。有些人與別人談話時總是自己一味地誇誇其談，完全不在意另一方的主觀感受，好像只要將自己想講的東西宣洩出來就達到效果了，其實不然。你這樣做，對你個人來說，倒是酣暢淋漓了，但對對方來說，卻留下了一個不好的印象。因為你所談的都是對方不感興趣或者不能接受的命題。我們是動機和效果的統一論者，既要有好的動機，也要注意有好的效果，因此，很有必要察言觀色。

有時候，一個人之所以能給別人留下很深的印象，並不完全取決於他談話的多少，而主要取決於談話的品質，多給別人留下一些有內容、有哲理，對問題剖析深刻的話，才能給別人留下你很有內涵的印象。

狼性法則 31
摒棄成見，注重能力

　　羚羊一定要比獅子跑得快，否則就會成為獅子的美餐。即使不如獅子跑得快，也不要成為跑得最慢的羚羊，因為跑得最慢就最先被獅子吃掉。

　　狼懂得這種競爭，並且狼的競爭意識不僅僅源於本能，它們可能透過各種途徑的學習來強化自己的生存本領，強化自己的競爭意識。在自然界中，沒有競爭能力就不能生存。

　　眾所周知，猶太民族是一個智慧的民族，他們的生活智慧值得我們借鑒學習。

　　有這樣一則猶太故事：

　　約書亞是一個博學而樸實的學者。一天，羅馬皇帝哈德良的女兒對約書亞說：「在你這麼醜陋的人的腦袋裡，怎麼可能有了不起的智慧呢？」

　　約書亞非但沒有惱怒，反而笑容滿面地反問道：「在你父親的宮殿裡，葡萄酒裝在什麼樣的容器裡？」

　　公主答道：「裝在陶罐中。」

　　「陶罐！普通老百姓才把葡萄酒裝在陶罐中。」約書亞說，「你應該把葡萄酒放在金銀器皿裡。」

　　於是，公主便令宮中傭人把葡萄酒從陶罐裡倒出來，裝進了金罐和銀罐中，但不久，所有的葡萄酒都變得淡而無味了。

　　公主沒想到會把事情弄得這麼糟糕，於是就去找約書亞算帳：

「你為什麼讓我這樣做？」

拉比溫和地說：「我只是要讓你明白，珍貴的東西有時候必須裝在簡陋而普通的容器中才能保存其價值。」

「難道沒有既出身好又博學的人嗎？」

「有，」約書亞回答道，「但如果出身艱苦一些的話，他們的學問會更大！」

猶太人中的窮人遇到富豪子弟時，不會自卑，更不會覺得有什麼可怕，因為出身富豪之家的人並不一定都有學問。但是遇到有知識的人時，無論是窮人還是富人，都會對他非常地敬重。這是因為猶太人只注重個人的才華，而不會去看他的家庭和出身。

事實上，有很多著名的猶太拉比，出身都很卑微，其中最具代表性的希賴爾就是木匠，雅基巴是牧羊人。他們之所以能夠成為猶太人中的傑出人物，就是因為他們自身的能力所致。而猶太民族中個人能力重於門庭出身的觀念，則為他們的脫穎而出提供了一個大環境。

正是因為猶太人重個人才華而不重門庭出身，才使猶太民族產生了許多傑出的人物。而這一觀念體現在人際交往中，猶太民族則在日常生活中很少有門第觀念，在人與人的交往中，猶太人少有趨炎附勢之舉，出身好的人也難以依靠出身攝取社會地位，或者取得什麼其他優勢，人們都是依靠勤勞和智慧獲得個人地位。

個人才華重於門庭出身是猶太人處世的重要觀念，它激勵了許多出身不好的人去積極進取，也體現了社會公平的原則。

狼性法則 32

許諾之事，有所交代

　　狼是一種為團隊而生的動物。狼群的最大特質就是它們的合作精神，而維護這一合作的根本原因就是每條狼的信譽度，只有信任，才有合作。

　　不論在生活上或是在工作上，一個人的信譽越好，就愈能成功地打開局面，做好事情。你應對的人愈多，你的事業就做得愈好。

　　信譽，實際上就是你辦事的本錢；信譽，實際上就是你的一種良好的處世形象。

　　不管你在什麼情況下辦什麼事情，總要對自己所說的話負責。你要用自己的行動說服別人的異議，要讓他們親眼看到你所做的都是為了他們的利益。為了遵守諾言，你可以放棄其他，給人一個可信的面孔。

　　漢靈帝末年，華歆、王朗一同乘船逃難。有一個人要搭船，華歆很為難，王朗說：「希望你大度一些，搭個船有什麼不可以？」後來強盜追來，王郎想把搭船的人扔掉，華歆說：「我剛才之所以猶豫，正是因為這個。既然已經接納了他，他把自己託付給我們了，怎麼能由於為難而拋棄他呢？」世人以這件事判斷華歆和王朗的好壞。

　　信守諾言是狼群合作致勝的根本保證，同樣，信守諾言也是人的美德。但是有些人在生活或生意上經常不負責任地許各種諾言，卻很少能遵守，結果就給別人留下了惡劣印象。如果你說過要做某

件事情，就必須辦到；如果你覺得辦不到，覺得得不償失，或不願意去辦，就不要答應別人。

你要讓你的信用代表你，讓你的名字走進每一個與你打交道的人中。你要使他們信賴你，覺得你是一個可靠的人。

另外，許諾萬一難以實現，應及時獲得諒解。

凡事都應該靈活處理，「言必信，行必果」也不是絕對的，因為生活中有許多事是超越人的能力的。

某大學一位系主任，向本系的新進教師承諾說，要讓他們之中三分之二的人升上副教授。但當他向學校申報時，卻出了問題，學校不能給他那麼多的名額。他據理力爭，跑得腿酸，說到口乾，還是不解決問題。他又不願意把情況告訴系上的教師們，只能對他們說：

「放心，放心，我既然答應了，一定要做到。」

最後，升等評定情況公布了，眾人大失所望，把他罵得一錢不值。

甚至有人當面指著他說：

「主任，我的副教授呢？你答應的阿 ！」

校長也批評他是「本位主義」。從此，他既在系上信譽掃地，也在校長面前失去了好印象。

其實，他完全可以把名額的問題告訴大家，並誠懇地道歉說：「對不起，我原先沒想到。」也可以把每次爭取的情況向大家轉述，以爭取大家的諒解。

有許多諾言是否能兌現得了，不只是決定於主觀的努力，還有一個客觀條件的因素。有些事情按正常的情況是可以辦到的，只是中間有可能因為客觀條件起了變化，而一時辦不到，這是常有的

事。

　　因此，在日常工作中，不要輕率許諾，許諾時不要斬釘截鐵地拍胸脯，應留一定的餘地。當然，這種留有餘地是為了不使對方從希望的高峰墜入失望的深谷，而不是給自己的努力埋下契機，自己必須竭盡全力。

　　一旦許下諾言，一定要努力實現，即使是付出一定的代價。如果確實是非人力所能為的，就一定要放下面子，及時誠懇地向對方說明實際情況，請求對方諒解。你如果真的做到了這一點，相信絕大多數的人是會諒解的。

狼性法則 33
態度溫和，意志堅定

狼已經在地球上生存了幾百萬年，這的確是一個奇蹟。由於對狼的偏見和憎恨，人類曾經對狼進行大規模的屠殺，但狼仍然以一種柔性的堅持和頑強的意志生存至今。

試想，如果一條狼只是態度溫和，而意志不夠堅定的話，會產生什麼結果呢？這樣的狼將只會變得和藹可親，但是卑躬屈膝，意志力軟弱，個性消極；反過來，如果一條狼只是意志堅強，但是態度粗暴的話，會有怎樣的結果呢？這樣的狼將會變成暴躁而做事莽撞的狼，它也很難在狼群中達成共識。

理想的情況是兩者兼備，但是這樣的狼實在非常少。在現代社會，這樣的人也越來越少了。

因為意志力強的人，大多血氣旺盛，認為態度溫和是一種「軟弱」的表現，他們凡事都力氣十足地向前推進。這樣的人如果遇到內向而個性軟弱的對手，事情或許還能如想像一般進行得非常順利；如果不是的話，就一定會招致對方的憤怒或反感，而且很難達成目的。

而態度溫和的人往往都是些個性圓滑的人，他們對待每一個人都非常溫和軟弱，這樣的人可以稱之為八面玲瓏，好像自己是完全沒有意志力似的，不論在任何場合，都可以裝出一種最適合對方的態度。這樣的人雖然可以欺騙愚者，但是卻逃不過智者的眼睛，偽裝的面具立刻就會被扒掉。

　　而兼具態度溫和和意志堅定特點的人，絕對不是粗暴的人，也不是八面玲瓏的人，而是一位賢者。

　　有一天，一位老闆去看望一位朋友。賓主入座後，一位漂亮大方的少女為他們獻茶。經介紹，才知道這是朋友的侄女，剛從英國留學回來。這位老闆對她詢問學業，表示關懷。

　　不久，這位朋友推薦自己的侄女來做他的英文秘書。過了一段時間後，兩人打得火熱，名義上是英文秘書，實際是他的情人。

　　過了一段時間，這事被這位老闆的夫人發現了。夫人一度想親自捉姦，大鬧一場；但考慮到身分、地位和家族的利害關係等等，認為家醜不可外揚，需要找到了一個解決問題的兩全之策。

　　一天深夜，夫人突然來到那位秘書的住處，秘書有些驚慌地把她迎入屋中。夫人卻顯得若無其事，坐下來溫和地對她說：「孩子，你還小啊！才 20 多歲，風華正茂。我常常嘆惜我們女人命苦，所以我們更應該珍惜自己，孩子，不要只顧眼前，要想想漫長的一生啊！」

　　那秘書被說中了心事，一邊啜泣，一邊說：「我錯了，夫人，給我一條路吧！」

　　夫人從包中抽出一張支票遞給她說：「這裡不是你的安身之處，你去南方吧！ 這 10 萬元給你，算是我的一點心意。你的機票我已代你辦好，明天一早你就走吧！」

　　秘書突然離去，那位老闆一肚子不痛快，卻不能說。夫人看他不高興，就說：「你以為能瞞天過海，能瞞得了我嗎？我這樣做，你難道不明白我的苦心？一定要讓大家到大庭廣眾中去出你的醜嗎？」

　　可見，溫和的態度能使你更好地把握別人的心思，至少不會給

別人製造拒絕的藉口。但是，態度溫和的同時，也必須表現出一種堅強的意志。像那位夫人一樣，先禮後兵，一定能使事情完美解決。

如果遇到一個態度高傲、自滿，很容易一不小心就說出欠缺考慮或不禮貌的話的人，你就必須控制自己，表現出溫和的態度。如果對方情緒很激動的話，你不妨先讓自己靜默下來，不要讓對方讀出你表情的變化。

但話說回來，如果對方一步也不肯讓，那麼，你可以表現出和藹可親的態度，盡量去贏得對方的歡心，但不可以故意諂媚。

對待朋友或認識的人也是一樣，毫不動搖的意志力就是擄掠他們心志的利器，而溫和的態度可以防止他們的敵人也變成自己的敵人。

如果你能夠融會貫通地瞭解態度溫和、意志堅定的含意，所有的交涉就都將無往不勝，至少你不必完全讓對方牽著鼻子走。

狼性法則 34
留有餘地，雙贏雙惠

　　狼群對獵捕食物的選擇體現了它們的靈活多變和智慧。

　　馴鹿是狼群非常喜歡的食物，捕獵也比較容易。但由此馴鹿的數量減少時，狼群會盡量減少對馴鹿的捕殺，而是將目光轉移到其它動物的身上。因為它們知道，在馴鹿數量急劇減少的情況上繼續捕殺馴鹿，就很容易造成馴鹿的滅絕，以後它們就再也不能捕食到馴鹿了。

　　遇事要留有餘地，不可把事情做絕。這是狼的另一種生存智慧。

　　人生一世，萬不可使某一事物沿著某一固定方向發展到極端，而應在發展過程中充分認識，冷靜判斷各種可能發生的事情，以便有足夠的條件和迴旋餘地採取機動的應付措施。

　　世界上的事情是複雜多變的，任何人都不應該僅憑一家之言和一己之見，自以為是。即使是某些以為擁有科學頭腦的人，也應該留有一片餘地供別人遊覽，供自己迴旋。否則的話，就會給別人留下把柄。

　　在法國的一個小城，一塊巨石從天而降，巨大的響聲把居住在這裡的人嚇了一大跳。尤其令人驚異的是，這塊石頭把教堂旁邊的屋子砸了一個大窟窿。市民們目睹了這一切，紛紛認為這塊破壞了他們寧靜的怪石來歷不明。他們以為這塊石頭可能還會飛上天去，為了防止它「逃走」，就給巨石鑿了個洞，用鐵鍊鎖起來，然後把

鐵鍊鎖在教堂門口的大圓柱上。最後市民們又通過決議，要寫一封信給法國科學院，請求派科學家來研究這塊怪石。市長證實了市民們在信上所寫的事實，並且簽上了自己的名字，又派專人將信送往巴黎。

在巴黎的法國科學院，當有人宣讀這封來信時，人群中突然爆發出陣陣哄笑聲，有的人甚至笑得前仰後合，還有人連眼淚都笑出來了，有些科學家帶著嘲笑的口氣說：「哈哈，這些人是最愛吹牛皮的，今天他們向我們報告天上落下巨石，過幾天他們還會來報告天上又掉下五噸牛奶，外加一千塊美味的帶血的牛排……」在笑夠了之後，他們以科學院的名義做出了決定，對當地人及市長的愚蠢表示遺憾，同時號召所有有知識分子，不要相信這些荒誕不經的報告。

後來，經一些認真而謹慎的科學家實地調查，確認那是一塊從太空中掉下來的隕石碎塊。

究竟是誰有科學頭腦，是誰更愚蠢、可笑呢？歷史已經做出了公正的答案。

不給自己留餘地的人在笑夠了別人之後，豈知把自己的短見也暴露給了別人，在伸手打別人耳光的同時，也在打自己的耳光。

我們在做事時講求留有餘地，在說話時也同樣要留有餘地，不能把話說得太滿，要容納一些意外事情，以免自己下不了台。

生活中，有很多事情我們無法預料他的發展態勢，有的也無法瞭解事情的發生背景，對此，切不可輕易地下斷言，若不留餘地，就會使自己一點迴旋的空間都沒有。

A與同事間有了點摩擦，很不愉快，便對同事說：「從今天起，我們斷絕所有關係，彼此毫無瓜葛……」這話說完還不到兩個月，

這位同事就成了他的上司，A 因講過過重的話很尷尬，只好辭職，另謀他就。

　　因把話講得太滿，而給自己造成窘迫的例子到處可見。把話說得太滿，就像把杯子倒滿了水一樣，再也倒不進一滴水，否則就會溢出來。也像把氣球打滿了氣，再充氣就會爆炸了。

　　凡事總會有意外，留有餘地，就是為了容納這些「意外」，杯子留有空間，就不會因為加進其它液體而溢出來；氣球留有空間便不會爆炸；人說話、做事留有餘地便不會因為「意外」的出現而下不了台，從而可以從容轉身。

　　我們可以見到一些政府官員在面對記者採訪時偏愛用一些模糊語言，如：可能、盡量、研究、或許、評估、徵詢各方面意見……他們之所以運用這些字眼，就是想為自己留有餘地。否則一下子把話說死了，結果是事與願違，那該多難堪啊！

　　總之，辦事、說話留有餘地，使自己行不至於絕處，言不至於極端，有進有退、收放自如，以便日後更能機動靈活處理事務，解決複雜多變的問題。同時也要懂得給別人留有餘地，無論在什麼情況下，不要把別人推向絕路，這樣一來，事情的結果對彼此都有好處。

狼性法則 35
駕馭情緒，掌握命運

學習狼性心態，首先必須理性地克制自己的情緒。

一個人再偉大，都不可能像動物一樣的自由。人類受到的是比動物多得多的束縛，要想成功，必須知道該做什麼？而又不該做做什麼？社會生活中，我們應該能看到很受尊重的人。但是我們應該知道，一個人受不受他人尊重的關鍵，不是他有多麼自由，而是他是不是有足夠的克制情緒的能力。

情緒是一個人內心深處的一種思想情感，但它卻會被外界的事物所控制，並隨之搖擺不定。在現實生活中，人人都有不易控制情緒的弱點。

想要成功必須使消極的情緒得到有效的控制，否則，人人的生活品質、工作成效和事業成就將無法保證。一個人的情緒如果不能得到有效的調控，那麼，人就有可能成為情緒的奴隸，成為情緒的犧牲品。

心理學研究說明，人是被情緒啟動的動物，不同的情緒狀態，將導致不同的學習與工作成效。比如，當情緒，如焦慮、憤怒或恐懼處於恰當的程度時，人能夠激發潛能，承擔重任，完成平時看來十分棘手的工作，平日看來不可想像的困難。情緒啟動水準不能過低也不能過高，過低使得有機體死氣沉沉、了無生氣，過高又會產生亢奮緊張，物極必反。

此外，情緒還將改變人們的視、聽、嗅、味等感覺，對同一環

境產生不同的看法。比如，愉快使人用樂觀的心態去看世界，感到事事都是美麗和諧的；痛苦使人感到世界暗淡無光，令人沮喪失望；憤怒則把事事看做是自己前進的障礙和阻力，不如人意；恐懼使人感到事事都帶有威脅性；自卑和羞怯使人感到自身無能，產生自我否定、自我懷疑和不如別人的評價。

因此，情商研究認為，一個人的情商高低，主要表現在對情緒控制的成敗方面。對於情緒的控制，主要集中在兩方面：一是控制衝動；二是調節情緒狀態，以此調製平和心情，營造平穩愉快的心境。所謂衝動，是指情緒脫離了理智的韁繩，完全受本能的驅動和宰製。

新聞報導過一則新聞。消息報導，某小學生隨手把塑膠袋扔進廁所，年輕的女教師盛怒之下強迫他把塑膠袋揀回來含到嘴裡。在一片譴責聲中，這位教師被學校開除。

至於因情緒衝動而造成的人際關係緊張、生活和事業的挫敗現象，生活中更是比比皆是。傳統的處事智慧非常強調克制和忍耐。在衝動性的情緒中以憤怒最為有害。情商研究認為，控制衝動主要是控制人的憤怒情緒，不要做憤怒情緒的奴隸和犧牲品。

對憤怒情緒的控制水準，標誌著一個人的品行水準。一個人如果容易發脾氣，那是對自己和他人的雙重傷害。

憤怒是一種比較難控制但又必須得控制的消極情緒。如何才能消除自己的憤怒呢？

比較有效的方法應當的「重新評價」，即自覺地用比較積極的視野去重新看待你生氣的那件事。事實證明，換個角度對待使你生氣的那件事，是極有效的息怒方法之一。

另外一種有效的息怒方法是獨自走開，去冷靜一下頭腦，並且

默默地對自己說，我現在正在氣頭上，如果我意氣用事，或許會帶來後悔莫及的結果。這對於在盛怒之下頭腦不清的人尤為有用。

還有一種比較安全的做法是透過運動來轉移注意力。研究者發現，當一個人盛怒的時候，如果他出去散散步或者騎騎車，就會冷靜下來。因為運動分散了原來的注意力，把心理聚焦點轉移到別的事情上去了。

這些都是值得一試的息怒方法。事實上，憤怒是指當某人事與願違時所做出的一種惰性情緒反應，他的心理潛意識是期望世界上的一切事都要與自己的意願相溫和，當事與願違時便會怒不可遏。這當然是癡人說夢式的一廂情願。其實，一個人便是一個世界，他有權決定他的說話和行事的方式上。

所以，有人說在人生這個大舞台上，最難戰勝的是自己，控制情緒，駕馭情緒，是很重要的一件事，你不必「喜怒不形於色」，讓人覺得你陰沉不可捉摸，但情緒的表現絕不可過度。

如果你能較好地掌握好自己的情緒，那麼你將在別人心目中留下「沉穩、可信賴「的形象，雖然不一定因此獲重用，或者在事業上有立竿見影的幫助，但總比不能控制自己情緒的人要好的多。

第3章　交朋識友，心中有數

篇首語：

我是獨一無二的。

我願與勤於思考，積極奮進的人為朋。

而對於奸詐、狹隘之人，

避而遠之。

我要明查事理，不為表象蒙蔽，

知面知心，擴大友誼。

能下人自有志，

能容人為大器；

此中乾坤，銘記於心。

狼性法則 36
君子之交，清淡如水

有人問：狼與狼之間難道還有「君子之交」嗎？有！如果狼與狼之間不能達成這種友誼，就很難形成一個強大的集體。只有形成一個群體才會最大的利益。

人與人之間相處久了，必然會因相互瞭解的日益加深和志趣、追求、個性等方面的相近或相容而建立起一種較特殊的關係。這種關係不僅僅表現為工作上的「協調工作」，還表現為同情、親密、眷顧這一類的感情，這就是友誼。

友誼是一個人的生活中一項非常重要的內容，它對人的思想、事業以及生活的各個方面都有著極大的影響。

西漢末年，王莽一度被罷官回到封國新都，南陽太守見王莽地位尊貴，便派他的下屬孔休擔任新都相。孔休晉見王莽，王莽以禮相待主動結交，孔休知道他很愛賢，因此也以禮相答。

有一次王莽生病，孔休前來問侯，王莽為答謝孔休，便送他一柄玉飾寶劍。孔休不肯接受，王莽說：「我之所以送這個給你，是因為我看見你臉上有疤痕，而用美玉可以消除。如果你不喜歡寶劍，我只把劍上的玉制劍鼻送給你罷了。」說完便解下劍上的劍鼻送給孔休。

孔休還是不肯接受。王莽說：「你不肯要，是否考慮它太值錢了呢？但是又有什麼比我們的情誼更有價值呢？」說完便把劍鼻摔得粉碎，親手把它包起來送給孔休。孔休見他如此真誠，才十分

感激地收下了。可見，王莽和孔休是君子之交了。

　　「君子之交淡如水」這句話，出自中國古代文學家、思想家莊周。他的原話是「君子之交淡如水，小人之交甘若醴；君子淡以親，小人甘以絕。」這句話的意思是：君子相交淡如清水卻日漸親近，小人相交甜如蜜反而疏遠分離。這是因為它們的基礎和出發點有著根本的區別。和同事奮鬥，即使個性、愛好不太一致，但大家有共同的理想，為共同的目標工作，也能建立起友誼，因為大家的根本追求是一致的。如果覺得性格合得來就形影不離，合不來就疏遠，必然造成同志之間的親親疏疏，這會使同志之間產生一種不和諧的關係。

　　以人的道義、忠信而成為道合的夥伴，志同的好友，並能始終如一，這是君子之交。那種以利益主義的態度交友，有利則親密無間，無利則白眼相見，則是小人之交。

　　這正如一位大哲學家講過的：「很多顯得像朋友的人其實不是朋友；而很多是朋友的倒並不顯得像朋友。」

狼性法則 37

鼠輩小人，敬而遠之

狐狸的狡詐在動物界是出了名的，而狼卻極其討厭這些傢伙，狼認為狐狸沒有什麼真正的本領，只會玩弄一些「小人」伎倆，對於這些伎倆，狼是不屑一顧的。

在我們的生活中到處都有「小人」，但很難說清什麼是「小人」，這個小既不指年齡，也不指身材的大小，「小人」和小人物是兩回事。

「小人」沒有特別的樣子，臉上也沒寫著「小人」二字，有些「小人」甚至長得既帥又漂亮，有口才也有文才，一副「大將之才」的樣子，並且還很聰明。

早在 2000 多年前就出現了「小人」一說，似乎是「君子」的反義詞。「小人」的生存和繁衍，實際上與「君子」的行為相伴隨，就像有真必有假，有陰必有晴一樣，只要還有「君子」存在，「小人」就永遠不會滅絕。當然，這樣的定義還是有些模糊。大體而言，「小人」就是做事做人不守正道，以邪惡的手段來達到目的的人。

西元前 527 年，楚國的國君楚平王給兒子娶親，選中的姑娘是秦國人，楚平王派大夫費無忌前去秦國迎親。費無忌到秦國看到姑娘後大吃一驚，這姑娘太漂亮了，美若天仙。在回來的路上，費無忌開始琢磨起來，他認為這麼美麗的姑娘應該獻給正當權的楚平王。

這時，車隊已經接近國都，國人也早知道太子要娶秦國的姑娘

為妻，但費無忌還是搶先一步到王宮，向楚平王描述了秦國姑娘的美麗，並說太子和這位姑娘還沒見面，大王可先娶了她，以後再給太子找一位更好的姑娘。

楚平王好色，被費無忌說動了心，於是便同意了，並讓費無忌去辦理。費無忌稍做手腳，三下兩下，原本是太子的媳婦，轉眼間成了楚平王的妃子。

辦完這件事後，費無忌既興奮又害怕，興奮的是楚平王越來越寵信他；害怕的是因這件事得罪了太子，而太子早晚會掌大權的。於是費無忌又對楚平王說：「那件事之後，太子對我恨之入骨，我倒沒什麼，關鍵是他對大王也怨恨起來，望大王戒備。太子握有兵權，外有諸侯支持，內有老師伍奢的謀劃，說不定哪一天要兵變呢！」

楚平王本來就覺得對不起兒子，兒子一定會有所行動，現在聽費無忌這麼一說，心想果不出所料。便立即下令殺死太子的老師伍奢及其長子伍尚，進而又要捕殺太子，太子與伍奢的次子伍員只好逃離楚國。

用「小人」二字形容費無忌實在是再合適不過了。至此，我們可以總結出一些「小人」的言行舉止：

① 喜歡造謠生事。小人的造謠生事都是另有目的，並不是以造謠生事為樂，說謊和造謠是小人的生存本能。

② 喜歡挑撥離間。為了某種目的，他們可以用離間法挑撥朋友間的感情，製造他們的不合，他在一邊看熱鬧，好從中取利。

③ 喜歡拍馬奉承。這種人雖不一定是小人，但這種人很容易因為受上司所寵而趾高氣揚，在上司面前說別人的壞話，

只要一有機會就會抬高自己的身價。

④ 喜歡陽奉陰違。這種行為代表他們這種人的行事風格，因此小人對任何人都可能表裡不一，這也是小人行徑的一種。

⑤ 喜歡踩著別人的鮮血前進。也就是利用你為其開路，而你的犧牲他們是不在乎的。

⑥ 喜歡落井下石。只要有人跌倒，對他們來說是最快樂的事。

⑦ 喜歡找替死鬼。明明自己有錯卻死不承認，硬要找個人來替罪。

事實上，「小人」的特點並不只這些，總而言之，凡是不講法、不講理、不講情、不講義、不講道德的人都帶有「小人」的特點。

那麼，該如何妥善處理和「小人」的關係？

根據狼性生存法則，可以提供以下幾點供世人借鑒：

① 不得罪他們。一般來說，「小人」比「君子」敏感，心裡也較為自卑，因此你不要在言語上刺激他們，也不要在利益上得罪他們，尤其不要為了「正義」而去揭發他們，否則，只會害了你自己。自古以來，君子常常鬥不過小人，因此小人為惡，讓有力量的人去處理吧！

② 保持距離。別和小人們過度親近，保持淡淡的關係就可以了，但也不要太過疏遠，好像不把他們放在眼裡似的，否則他們會這樣想：「你有什麼了不起？於是你就要倒楣了。

③ 小心說話。說些「今天天氣很好」的話就可以了，如果談了別人的隱私，談了某人的不是，或是發了某些牢騷不平，那麼，這些話絕對會變成他們興風作浪和有必要整你時的資料了。

④ 不要有利益瓜葛。小人常成群結黨，霸佔利益，形成勢力，

你千萬不要想靠他們來獲得利益，因為你一旦得到利益，他們必會要求相當的回報，甚至粘著你不放，你想脫身都不可能。

⑤ 吃些小虧。「小人」有時也會因無心之過傷害了你，如果是小虧，就算了，因為如果你找他們不但討不到公道，反而會結下更大的仇，所以，原諒他們吧。

這樣就能和「小人」們相安無事了嗎？不敢保證，但相信可把傷害減到最低。

狼性法則 38
順勢發展，而後交心

　　在蒙古國草原上，狼在離牧民居住區較近的地方覓食的時候，會格外小心。它們會用嘴叼一些物體扔到牲畜屍體周圍，來看看有沒有陷阱。

　　等探明了沒有危險之後，它們才放心地走過去，但也並不是立刻就去撕咬食物，而是用它們靈敏的鼻子去聞聞屍體。如果有異常的味道，它們也不會去吃，因為那有可能是牧民在牲畜身上撒了毒藥。

　　可見狼實在是太聰明了。可是在現實生活中，我們人類能夠做到這樣小心翼翼嗎？尤其在和陌生人的說話過程中，我們是急於表達自己，還是謹慎說話呢？

　　先讓我們看看這樣一個故事：

　　有一天，獅子把羊叫過來問自己是否很臭，羊說：「是的。」獅子就把它的腦袋咬掉了。

　　獅子又把豹子叫來問同樣的問題，豹子說：不臭。獅子又把豹子咬成了碎塊。

　　最後，獅子把狼叫來問，狼說：「我感冒得很厲害，聞不出來。」結果狼活了下來。

　　可見，說話太誠實了不行，而盡說好話奉承的也遭殃，而只有把話說到好處，才能像狼一樣行走天下。

　　俗話說：「逢人只說七分話，不可全拋一片心。」意思是說，

對一個你並未完全瞭解的人，無論是說話還是辦事，都要有所保留，不可一廂情願。

不要一下子就把心掏出來，並不是教你做個虛偽、城府太深的人；而是因為人性複雜，你如果一下子就把心掏出來給對方，用心和他們交往，那麼就有可能受傷害。

把心掏出來，這代表你對他人付出的是一片真誠和熱情。但見你把心掏出來，對方也把心掏出來的人並不太多，而且也有人掏的是「假心」。如果這種人又別有居心，剛好利用了你的弱點，那麼你的日子就不好過了。而會玩手段的人，更可以因此把你玩弄於股掌之中。

也有一種人，你把心掏出來給他，他不僅不會尊重你，反而會把你看輕。現實中有些人就是有這種劣根性，你對他冷淡一些，他反而敬你又怕你。換句話說，對這種人來說，太容易得到的感情，他是不會去珍惜的，那麼你的付出不是很不值得嗎？

此外還有一種情況是，你一下子就把心掏出來，如果對方是個謹慎的人，那麼你反會嚇著了他，因為他會懷疑你這麼坦誠是另有什麼目的。如果是這樣，你不僅會弄巧成拙，也有可能會破壞本來很好的情誼？而且，你把心掏給人家，結果若沒有得到平等的對待，你就會產生一種「被拋棄」、「背叛」的感覺，這是很不好受的。

因此，與其把心一下子掏出來，不如慢慢地觀察對方，順勢發展，等有了瞭解後再「交心」。你可以不虛偽，坦坦蕩蕩，但絕不可完全把感情放進去，要留些空間作為思考、緩衝的餘地，那麼一切就好辦了。

不要把心一下子就掏出來，這和一個人的修養、道德無關，而是一種面對現實的生存策略。

狼性法則 39
盡量幫忙，方有回饋

　　面對如此快速的生活節奏，面對競爭如此激烈的社會，每個人都會感覺要做的事情很多。上班時忙，下班時也忙；在公司忙，在家裡也忙。孩子的成績如能注意些，似乎還能省點心，但自己的學習充電也得努力，所以我們經常掛在嘴上的一句話就是「我很忙」。

　　但正因為生活在這個快節奏的社會，才需要尋求朋友的幫忙。有了朋友的幫助，我們的感受會好些，朋友也一樣。

　　在動物界中，狼和禿鷲是一對很好的搭檔。它們之間和平相處，都對對方滿懷感激。

　　狼和禿鷲都很喜歡吃動物的腐肉，但狼在陸地上活動，用眼睛所能看到的範圍畢竟有限。禿鷲可以在高空飛翔，它們觀察的範圍很遠，這樣就能發現動物的屍體。但是它們卻撕不開動物厚重的皮毛。所以就會找狼來幫忙。禿鷲把狼引領到動物屍體前，狼撕開動物的皮毛，而禿鷲和狼就可以共同享用可口的食物了。

　　雖然狼對食物很珍惜，總希望獨享食物，但它知道如果沒有禿鷲的引領，自己是絕對不會輕鬆找到食物的，因此禿鷲每次找狼來幫忙，它們都非常願意。

　　如果你經常對朋友推說「我很忙」，那是拒絕朋友的請求，同時也斷了自己的後路。

　　總對朋友說「我很忙」，就是對朋友的拒絕，也是對自己的封閉。周末，朋友邀請你打球，你因為要輔導小孩做作業而推說「我

很忙」；晚上，朋友因為傷心事想找你聊天，你因為要看電視而推說「我很忙」。幾次下來，朋友會很知趣地對你敬而遠之。當你需要朋友的時候，你會發現朋友也學著你的樣子拒絕你。

　　總對朋友說「我很忙」，似乎是一種自私。有時候你確實有很多事情要做，但並不是每件事都非常重要，也不是每一件事情都得立即完成。如果朋友有事情請你幫忙，雖然會耽誤你的時間，但如果你想著朋友需要你，想著你應該幫助朋友，那麼你就會把一些不太重要的事情先放一邊。

　　反之，如果只想到自己，那麼你就會隨口以一句「我很忙」加以拒絕，有時還會假惺惺地加上一句「對不起」。不管朋友的事大小如何，如果把對朋友的幫助放在最後一位，放在自己所有小事之後，那麼，可以想像朋友在你心裡的位置。

　　有時候，推說「我很忙」是一種無能的表現。有的人頭腦裡塞滿了各種各樣的事情，當朋友有事相求時，雖有心相助，但自己弄不清該如何安排自己的事情，不知道事情的輕重緩急，感到無法分身，所以只能無奈地對朋友說聲「我很忙」。

　　對朋友要盡量少說「我很忙」。首先要能熱心幫助朋友，滿足他人的願望。要知道，盡可能地幫助他人，也一定能得到他人無私的幫助，很多事情光靠一個人是難以完成的。

　　其次，我們要能清醒地分清事情的大小，安排好先後。如果自己的事情既重要也急需完成，而朋友的事又不太急，你當然可以另外安排時間。

　　如果自己的事和朋友的事都重要，而且也急，那麼應該誠懇地說明原因，最好能幫朋友出個主意，如果他認為你是他的朋友的話，相信他會理解你的難處。

狼性法則 40
不必知心，貼心就好

　　狼是團隊的榜樣。狼族的歷史就是自然界中最卓越團隊的歷史。但是這種團隊意識，並不是那種親密無間的，因為狼族深諳這樣一個處世之道：不必知心，貼心就好。

　　從某種意義上說，「知心」不是美德，而是災禍的種子；朋友、夫妻、兄弟、同事之間，無不如此。

　　人的內心有一個不欲為人知的隱秘堡壘，在這個堡壘裡，他是主人，有無上的權威，一旦這個堡壘被攻破，再也沒有隱私，他便會出現失去隱蔽物，暴露在眾人面前，缺乏安全感的慌亂；而為了重建這個堡壘，他會反抗攻破他內心堡壘的那個力量，甚至施以報復，消滅那個力量，以保持堡壘的不再被侵犯。

　　因此說，「知心」是不可能的，不但你知不了別人的心，你也不願別人知你太多的心。而若強欲知心，便會引起對方的抗拒，啟動他的自衛系統；這對兩個人的關係自然是有負面的影響。

　　萬一你是個靈慧的、很容易知別人之心的人，那麼你千萬別自以為聰明，向對方表現你的知心術。

　　三國時代的楊修就因為太聰明，很會揣摩曹操的心，照理，曹操應說「知我者，楊修也」，可是他卻把楊修殺了，原因就在於楊修不時把他的聰明表現出來，讓曹操失去了安全感。

　　一個人如果心裡面在想些什麼你都知道，你想他會不會學曹操？

　　對上司、對同事、對朋友，甚至在兄弟、夫妻之間也都是如此。「知心」不是美德，而是災禍的種子。

　　因此，與其「知心」，不如「貼心」。

　　知不知心是另外一回事，表現出來的須是貼心。

　　所謂「貼心」，簡單地說就是「體貼的心」，一種主動關懷對方的心和被動傾聽對方心聲的心。如果你對他的心思也有所瞭解，那麼不可表現得太多，也不可表現得太深，而且應針對無關緊要的事來表現，其他的事，裝作魯鈍好了。不過，在態度上仍要表現出和他的「貼心」，否則你和他的關係也會產生變化。

　　你最好不要要求有「知心」的朋友，因為一旦有人知道你的心，你的日子也會很難過的。「貼心」就可以了，而這也正是「朋友」的含義。

狼性法則 41

會給面子，會做面子

　　到目前為止，人類馴服了所有的動物，但只有狼還沒有被人類馴服，因為狼族有著自己血性的尊嚴，任何外在物種都不能使它們屈服。

　　中國人最講究面子問題，很多利益可以失去，但面子不能失去。

　　也因此，我們常常聽到這樣的話：「某某人太不給面子了！」「這是面子問題，不是原則問題！」

　　大多數人都認為：面子被丟光了，這一口氣非討回來不可。

　　「面子」是什麼呢？「面子」是一個人在人際交往中的「尊嚴」、立足的「根本」，換句話說，、代表的是「地位」，所以你若當面羞辱某人，某人因為覺得被同仁看笑話，而很沒「面子」的話，他是有可能為此和你拼命的。

　　所以，在社會上行走，你一定要瞭解「面子問題」，否則處理失當，會對你的人際關係和事業帶來很大的困擾。

　　但是，「面子問題」又很微妙，有關面子的事情，大多不好明說，只能靠自己體會，但只要抓住兩大原則也很容易把握。

　　第一個大原則就是不要做出「不給面子」的事。例如：

⑥ 不要當面羞辱人，包括同事、上司、屬下、朋友，尤其是人身攻擊的羞辱更是不宜。

⑦ 對某人有意見，應私下溝通，不要當面揭發，以免對方下

　　不了台。

⑧ 強龍不壓地頭蛇，勿越界管人閒事。

⑨ 「打狗看主人」，勿因意氣而羞辱對方的手下。

⑩ 遇到分輸贏的場合，手下留情，不必贏得太多。

⑪ 「心中有別人」，也就是有上司、有長輩，不要逾越自己的本分。

⑫ 不要搶別人的功勞，也不要搶別人的機會。

　　這一方面還有很多，總而言之，只要心中懷著對對方的尊重，替對方著想，那麼你就不致於做出「不給面子」的事了。「不給面子」的事最易引起是非，所以必須小心謹慎。

　　第二個大原則就是主動「做面子」給對方，例如：

① 替對方在同事、朋友及上司面前說好話，幫他做公關，但不可太肉麻、露骨、刻意。

② 對方有喜慶的事，主動以適當的方式參與慶賀。

③ 對方有難言之隱時，要不動聲色，不讓外人知道，主動替他解決。

④ 適當讚揚他，協助他建立他在團體中的地位。

　　在這方面，同樣，具體的做法也是說不完，總而言之，帶著「我能替對方做什麼，讓他有面子」的想法來做就對了。

　　這兩大原則，前者可避免人際關係出現問題，後者則可積極地建立良好的人際關係，而你的付出，也必然得到回報。

　　也許你會說，「面子問題」太虛偽了！是有些虛偽，但中國人的社會就是這麼回事，你忽略這個問題，就會吃苦頭。

狼性法則 42
樂於忘記，不念舊惡

　　在狼群中有兩隻狼發生了爭執，最後發展為互相撕咬的結果。直到兩隻狼傷痕累累，氣喘噓噓地倒在地上。過了幾天後，兩隻狼的傷痊癒了，它們又重新投入到狼群中，共同去捕獵了。

　　樂於忘記是一種心理平衡，有一句名言叫作：「生氣是用別人的過錯來懲罰自己。」老是「念念不忘」別人的「壞處」，實際上最受其害的就是自己的心靈，搞得自己痛苦不堪，何必？這種人，輕則自我折磨，重則就可能導致瘋狂的報復了。

　　因此說，別人對我們的幫助，千萬不可忘了，反之，別人倘若有愧對我們的地方，應該樂於忘記。

　　樂於忘記是成大事者的一個特徵。既往不咎的人，才可甩掉沉重的包袱，大踏步地前進。

　　唐朝的李靖，曾任隋煬帝的郡丞，他最早發現李淵有圖謀天下之意，就親自向隋煬帝檢舉揭發。後來李淵滅隋後要殺李靖，李世民反對報復，再三強求保他一命。後來，李靖馳騁疆場，征戰不疲，安邦定國，為唐朝立下了赫赫戰功。魏徵曾鼓動太子建成殺掉李世民，李世民同樣不計舊怨，量才重用，使魏徵覺得「喜逢知己之主，竭其力用」，也為唐王朝立下了豐功偉業。

　　宋代的王安石對蘇東坡有一些成見，應當說，也有那麼一點「惡」的行為。他當宰相之時，因為蘇東坡與他政見不同，便藉故將蘇東坡降職減薪，貶官到了黃州，搞得蘇東坡十分淒慘。然而，

蘇東坡胸懷大度，他根本不把這事放在心上，更不念舊惡。後來，王安石從宰相位子上下來後，兩人關係反倒好了起來。他不斷寫信給隱居金陵的王安石，或共敘友情，互相勉勵，或討論學問，十分投機。

相傳唐朝宰相陸贄，有職有權時，曾偏聽偏信，認為太常博士李吉甫結夥營私，便把他貶到明州做長史。不久，陸贄被罷相，貶到明州附近的忠州當別駕。後任的宰相明知李、陸有點私怨，便玩弄權術，特意提拔李吉甫為忠州刺史，讓他去當陸贄的頂頭上司，意在借刀殺人。不想李吉甫不計舊怨，而且，「只緣恐懼傳須親」，上任伊始，便特意與陸贄飲酒結歡，使那位現任宰相借刀殺人之陰謀成了泡影。對此，陸贄深受感動，便積極出點子，協助李吉甫把忠州治理得一天比一天好。李吉甫不圖報復，寬待了別人，也幫助了自己。

人與人最難得的是將心比心，誰沒有過錯呢？當我們有對不起別人的地方時，是多麼渴望得到對方的諒解啊！

以古為鏡，可以淨心靈，辨是非，明前途。

狼性法則 43

廣交朋友，審慎選擇

很多人聽說過狼的眼睛在黑暗中閃閃發光，但是大多數人並不知道狼的眼睛可以用於最敏感的交流。狼的眼部肌肉系統極其微小的運動以及瞳孔大小的變化都在表達驚奇、恐懼、快樂、認出同伴及其它各類情感。

當一匹狼想發出友好坦誠的信號時，它會向下盯著或把目光移開。當它自在快樂、想要交朋友的時候，你會看到它表現出坦率、誠懇和一種「咱們來交朋友」的態度。

在紛繁的大千世界裡，人是形形色色的，選擇朋友不是一件容易事。當然，也不是一強調交友的審慎，就認為這個也不可靠，那個也信不過。

既然是社會的人，處在各種社會關係之中，交友是必然的，不但要有生死與共、患難不移的朋友，也要善於和有這樣那樣的缺點錯誤甚至是反對自己的人交朋友。

他山之石，可以攻玉。廣泛地結交那些不同職業、不同愛好、不同身份的朋友，有時也能相得益彰。

唐代畫家吳道子出身貧寒，後來為唐明皇召入宮中做供奉，與將軍裴旻、長史張旭結交為友。在洛陽，裴旻請吳道子到天宮寺作畫，厚贈以金帛，被吳道子謝絕，只求觀賞裴旻的劍術。於是裴旻拔劍起舞，吳道子「觀其壯氣」奮力揮毫，寫出了絕妙的草書。

「兼聽則明，偏聽則暗。」結交各式各樣的朋友，對於取長補

短，開拓視野，活躍思維，都是有益的。

在現實生活中，朋友大致可分為三類：一類是工作朋友，即由於工作原因而結識的朋友，如同事、客戶等；另一類是生活朋友，即是以前在學校或生活中結識的朋友；第三類就是一般性的「點頭」朋友。前兩類朋友都應有個限度，如果濫了，就會全部變成第三類朋友，所以濫交朋友必導致無真正的朋友。

我們交朋友的目的一是讓生活充實、豐富，能在工作之餘和朋友一起娛樂、一起聊天；二是有利工作，希望在工作上能得到朋友的幫助。很顯然，朋友太多就不可能有太多時間去瞭解、交流，也就不可能建立真正的友誼，朋友之間沒一定的感情基礎，那麼就很難談得上互相幫忙。所以能結識一些相互欣賞、有情有義的工作朋友才是最好的。

因此，既要廣泛交友，又要審慎選擇。如何做到這一點呢？正如魯迅先生曾經說過的：「我還有不少幾十年的老朋友，要點就在彼此略小節而取其大。」略小節，取其大，就是不斤斤計較不足，而要從大處著眼。看人首先看大節，不是盯著對方的缺點錯誤不放，而是用發展的、變化的觀點看人。如果不是略其小，取其大，就不能與人為善，就不能全面地客觀地評價一個人，就可能得不到真正的友誼。

所以，我們交朋友要宜精不宜多，要悉心結交一些志同道合的工作朋友和生活朋友，而且要有一定的感情基礎，工作上能鼎力相助，而不是建立在純利益基礎之上的關係。

當然，交友時要有一定戒心，能有一定的識別能力。與一個人交往時要判斷對方和你交往的動機是什麼，是看重你的人還是其他，如果純粹看重你的錢和勢或其他利益，那麼就不必深交，如果

能形成互利互惠，當然也不妨交往一下。

狼性法則 44

生意朋友，利義清明

　　在弱肉強食的叢林中，狼為能夠得以順利生存，有時會和其它大的肉食動物共同捕獵。但是它們的分配有時讓狼吃虧，而且有些大型動物還會強取豪奪，不給狼一點食物。面對這種情況，狼只有團結在一起自己捕獵，拒絕給那些大型動物，而這樣也可以防止大動物的欺凌。

　　對於人生，一般來說，人們不會注意多得到的，只會注意多失去的。不必時時提醒你所給予人的「好處」，因為時日一久，別人就忘了這是你給他的「好處」。對不知感恩又食不知味、不知好歹的人，惟一的辦法就是——停止給他好處，否則他將成為你的負擔。

　　李先生經營一家出版社，朋友介紹一家印刷廠給他，李先生因為初入此行，印刷廠沒有熟人，因此就和那位姓王的印刷廠老闆合作。

　　為了減少聯繫上的麻煩，李先生把印刷、訂紙、分色、製版、裝訂所有工作都交給王先生包辦。

　　事實上，王先生的印刷廠只有印刷一項任務，其餘部分都要轉包出去。當然，王先生也不會做白工，轉手之間，他還是賺了二成左右的差價。

　　幾年下來，李先生才發現他因為怕麻煩而多花了很多錢，同時也因為出版社的經營已上軌道，人員也增加了，於是把王老闆的業

務，除了印刷之外，全部收回自行處理。

誰知王老闆勃然大怒，說李先生沒有「道義」。李先生向朋友抱怨：「要給誰做是我的權利，難道我這樣子做錯了嗎？」後來他就不再和王老闆合作了。

李先生當然沒有錯，不過，如果他對人性有進一步的瞭解，就不會向朋友抱怨了。

類似的故事並不罕見，只是「劇情」稍有不同而已。碰到這樣的事雖然很無可奈何，但從人性的角度來看，仍有值得討論之處。

首先，王老闆賺取轉手的差價雖然合情合理，但李先生停止和他某部分的合作卻與「道義」無涉，買賣本來就是「合則來，不合則去」。問題是，王老闆把轉手的差價當成了「理所當然」的利益，當李先生不再和他合作時，他就因此而產生了利益被剝奪感，本來可以賺一萬，現在只剩下五千，心裡無法適應這種失落，於是便有情緒了。然而，王老闆是沒有權利發脾氣的，他反而應該感謝李先生才對。

人就是這樣，你給他好處，時間長了，他便認為你給他好處是應該的，一旦不再給他，他便認為你失去「誠信」，沒有「道義」了。「好處」不論該不該得，不動心的很少，「得而復失」又不動氣的更少，這也就是商界「停止合作」，「停止友情」的原因，面對這樣的人性反應，若事先有所瞭解，就不會慨歎人心不古了。

再說，李先生終止和王老闆的合作基本上是正確的決定，因為二人有了不愉快，站在李先生的立場，大可不必太勉強自己。倒是王老闆應自我反省——賺取外包部分的差價是「多出來」的，印刷方面的利潤才是他「理所應得」，面對李先生的新決定，他應該感謝李先生，並表示願意繼續提供更好的服務才是。結果他不做此

想，反而以詆毀來回應李先生的行為，導致連印刷廠的生意也飛了。

　　因此，我們可以瞭解一件事，面對握有權力的一方時，「理所應得」的利益是不宜以激烈手段爭取的，因為師出無名，理不直氣不壯，也得不到其他人的支持，若堅持用激烈手段，必敗無疑；而且不但爭不回多出來的好處，連原有的好處也會失去。

　　事實上，王老闆要保住印刷部分的生意也是很難的，因為他的「轉手利潤」讓李先生有「受騙感」，惟有停止一切合作才能彌補他自尊受到的創傷，對王老闆來說，也只能盡量以低姿態來「撫慰」李先生的自尊，或許這樣還有一點效用吧！

　　李先生和王老闆二人「翻臉」是一種遺憾，但做生意事關企業生命，該「翻臉」還是要「翻臉」，你不「翻臉」別人還以為你是傻瓜呢！

狼性法則 45

責己之友，值得交往

在狼群內部，每條狼都會把批評自己的狼當作真正的朋友。這是我們人類值得學習的。

人之一生受朋友的影響是相當大的，很多人因為朋友而成功，也有很多人因朋友而失敗。

人有三六九等，三教九流的，什麼樣的人都有，這麼多類型的朋友，很難分辨，而當你發現他壞時，常常是來不及了，因此平時的交往經驗極為重要。

但是，有一種類型的朋友肯定是值得交往的，那就是會批評你、指責你的朋友。

然而，和只會說好話的朋友比起來，那些只知道批評、指責你的朋友是令人討厭的，因為他說的都是你不喜歡聽的話，你自認為得意的事向他說，他偏偏潑你冷水，你滿腹的理想、計畫對他說，他卻毫不留情地指出其中的問題，有時甚至不分青紅皂白地把你做人做事的缺點數說一頓。

反正，從他嘴裡聽不到一句好話，這種人要不讓人討厭也真難。但是這種朋友，如果你放棄，那就太可惜了。

一般來說，稍微明智一點的人，都會盡量不得罪人，因此多半是寧可說好聽的話讓人高興，也不說難聽的話讓人討厭。說好聽的話的人不一定都是「壞人」，但如果站在朋友的立場，只說好聽的話，就失去了做朋友的義務了；明明知道你有缺點而不去說，這算

是什麼朋友呢？如果還進一步「讚揚」你的缺點，則更是別有居心了。

但事實上，很多人碰到光說好話的朋友便樂陶陶，不明是非了；其實他們順著你的意思說話，讓你高興，為的就是你的資源——你的可以利用的價值，很多人被朋友拖累就是這個原因。

因此，相比較而言，那些讓你討厭，光說難聽的話的朋友就真實得多了。這種人絕對無求於你（不挨你罵，不失去你這個朋友就很不錯了），他的出發點是為你好，這種朋友是你真正的朋友。

這一點可從母狼哺育小狼的態度中以見一二。母狼在幼狼能獨立捕獵之前總是細心照顧它們，保證它們能健康成長，它們並不溺愛自己的孩子。

母狼哺育幼狼到自己能獨立生存的年齡後，它們會教給幼狼捕食的手段和一些生存技巧，在教會它們學習這些技巧的過程中，狼群有時候會表現得非常粗暴，對貪玩或不好好學習的幼狼不是兇狠地咆哮，就是呲牙進行恫嚇，或者乾脆就是毫不留情地撲過去撕咬，以致把幼狼們咬得遍體鱗傷。母狼會在寒冷的冬夜將它們趕出溫暖的窩，讓它們自己出去尋找過夜的地方，也會逼迫它們自己出去捕食。幼狼在殘酷的生存環境中，在這種嚴酷多於溫情的打罵教育中一天天長大了。

有些父母雖不像狼這樣殘酷地教育子女，但有時，它們也會嚴厲地要求自己的孩子。這是為人父母的至情，只有父母才會這麼做。

同理，朋友的心情也是如此的，否則他為何要惹你討厭？他對你說些好聽的話，你說不定還會給他許多好處呢。

因此說，只有經常批評、指責你的人才是你人生的真正朋友。

狼性法則 46

以人為鏡，忠實傾聽

　　一條沉默的狼能夠傾聽到遠處獵物的動靜，此時爆發的力量也是最強大的。

　　一般人在爭取別人贊同時，往往都犯話太多的毛病。其實你不妨仔細的聆聽，讓對方暢所欲言反而更好些。當我們不同意對方的觀點時，別只想著打斷對方。因為對方有意見急於發表時，絕不會在意你說什麼。這時當個稱職的聽眾，比當個雄辯家更為重要。

　　所以，在社交場合不如多聽別人說話，並隨時表示會心的微笑，反而會好些。另外對於每個人說的話，一定要凝神傾聽，中間不妨用簡潔的語句，表示你的見解，這種方式更易受人歡迎。

　　A 君去出席朋友的生日宴會，這位朋友很有權勢，大多數的與會者都忙著與他應酬。A 君臨座恰巧坐著一位年輕人，他一個人坐在那兒，似乎是沉默寡言的樣子。A 君和他談了幾句，才發現他是一位研究所的研究生，現在專攻天文學。

　　這位剛才落落寡歡的年輕人，發現 A 君聆聽的很專注，於是越說越深，連他現在正進行的研究計畫也拿來談。A 君雖然完全不懂，但卻禮貌地不露一絲不耐煩。A 君只在適當的時候，稍微轉移了話題，問他大家在天文領域常提到的「哈雷慧星」是怎麼回事。

　　對方聽了 A 君的詢問，更加熱心地解釋，A 君和這位年輕人一直談到宴會結束。過幾天 A 君遇到了他的那個朋友。他告訴 A 君一件有趣的事，他的小舅子在他面前一再誇讚 A 君是個博學多

聞的人，對天文也毫不陌生。當時 A 君沒有反應過來，稍後才知道
那天宴會上的那個年輕人，就是他朋友的小舅子。可是仔細想想，
那天他幾乎就不曾說過話，因為他並不懂天文，只是仔細的聆聽，
沒想到卻給對方留下那麼深的印象。

　　交談時到底該說多少話，不能根據你自己的需要而定，而要
配合對方的興趣。說到對方志得意滿，便可相機終止，且要留一點
猶有餘味的感覺。說話最忌絮叨不止，那只會讓對方討厭你，所以
真正會說話的人，絕不以多說話見長，而應以句句配合對方興趣為
宜。

　　我們在交談時千萬別忘記，做一個稱職的聽眾，更別忘了鼓勵
他人談論自己。

狼性法則 47

敢於說「不」，巧妙拒絕

狼在奔跑時，狂傲的長嘯回蕩在曠野上，傾瀉著它的傲慢與狂野。要學習狼的這種狂野精神，就要學會說「不」。

現實生活微妙複雜，你既可以斬釘截鐵地拒絕某人的無理要求，說一聲「不行！」，也可以態度鮮明地在會議表決中表明「不同意」；當你的女朋友興致勃勃地邀請你去郊遊，而你偏偏有要事纏身無法接受邀請，這時你該怎樣去回答她呢？難道也是生硬地說一聲「不行」這兩個字嗎？類似的情況恐怕還不只這幾種。

謝絕別人的請求，否定人家的意見，往往需要委婉的表達。這樣既能使對方接受你的意見，又不致傷害對方的自尊心。

當你準備說「不」時，不妨根據狼性法則採取下列 10 種策略和口氣來應付：

（1）用肯定的語氣拒絕

一位公司部門主管說，他最喜歡的語句是「這個提議非常好，但目前我們還不宜採用」，「好主意，不過我恐怕一時還不能實行」。用肯定的態度來表示拒絕，可以避免傷害對方的感情，而用「目前」、「一時間」等字眼，則表示還未完全拒絕。

（2）用客套的口氣拒絕

假如妹妹打電話問道：「今天早晨你能幫助照看一下孩子嗎？我有很多東西要去買。」也許你會本能地答道：「哎呀，今天上午可不行。」

為了慎重對待，或許你可以這樣客氣地說：「我很願意幫你的忙，但實在不湊巧，我能幫你做點別的嗎？比如我買東西時順便給你帶點什麼？」

（3）用恭維的口氣拒絕

一位資深的攝影家，拒絕的做法是先恭維對方。有一次，有人邀請她加入某委員會，她婉轉地說：「承蒙邀請，我很高興。我對貴機構真的十分欽敬，可惜我工作實在太忙，無法分身，你的美意我只能心領了。」

（4）用感歎的語氣拒絕

小張幫他的女友小劉買了一件連身裙，小劉從心裡不喜歡：顏色太鮮豔了。但她只是說：「要是素淡一點就好了，我更喜歡淺色的。」小張連忙說：「下次我一定給你買一件素淡的。」這樣，雙方雖然都有一點失望，但彼此都能互相體諒。

要是小劉直接說：「我一點也不喜歡，這太俗氣了。」小張會有什麼感受呢？要是回敬她一句：「不要就拉倒。」一場不大不小的口角可能就發生了。

（5）用緩和的口氣拒絕

李老師從前一說「不行」，學生就往往大吵大鬧。後來，有位朋友一語點醒了她：「當場回答行或不行的畢竟不多。」現在，當她面臨一個不想接受的請求，她會說：「讓我考慮一下。」這種緩兵之計使她有時間去找一個易為學生接受的藉口。這句話沖淡了冷冰冰的氣氛，使拒絕變得有人情味了。

（6）用商量的口氣拒絕

如果有人邀請你參加某個集會，而你偏偏有事纏身無法受邀，對此，你可以這樣說：「太對不起了，我今天的確太忙了，下個星

期天行嗎？」這句話要比直接拒絕好得多。

（7）用同情的口氣拒絕

最難拒絕的是那些只向你暗示和唉聲歎氣的人。例如，一位外地朋友對你說：「老王要到你們那裡去旅遊，要不是住旅館費用那麼貴，我也會跟他一起去。」

這時你應該採取的策略是，以同情的口吻對對方說：「啊，對你的問題，我愛莫能助。」然後就住口。你沒有義務伸出援手。

另一個對策是，打開窗戶說亮話：「如果你是在問能不能來我家裡住，我恐怕這個週末不行了。」

（8）用含糊的口氣拒絕

A 畫了一幅畫，自覺不錯，問 B 覺得如何。B 一看，心裡犯嘀咕，一點也不漂亮，可是 B 回答「還可以」。他雖然回答得很模糊，但如 A 明智一點，就會明白 B 的意旨所在。

（9）用委婉的口氣拒絕

試比較一下：「我認為你這種說法不對」與「我不認為你這種說法是對的」，「我覺得這樣不好」與「我不覺得這樣好」這兩種表達方式，我們不難發現，儘管前後的意思是一樣的，但後者更為委婉，較易為人接受，不像前者那樣咄咄逼人。

（10）用自嘲的口氣拒絕

出語幽默是拒絕的好方法。當我們聽到出乎我們意料的自嘲語時，都會覺得有趣。例如，「你會認為，我之所以說不行，全是因為我卑鄙自私。喔，你猜對了。」

小孩尤其喜歡聽笑語，如果你能逗得他們開懷大笑，即使你拒絕他們的要求，他們也不會很介意。

總之，否定和拒絕的藝術有一條原則，就是在不誤解意思的

情況下，盡量少用生硬的否定詞，把話說得委婉一點。應該明確，委婉並不是虛偽。在非原則性問題上，我們能夠使對方聽出弦外之音，彼此和和氣氣，何樂而不為呢？

狼性法則 48
人前穩重，方被尊重

狼的穩重與大氣，一直是人們所津津樂道的，只有這種精神，才能使狼行走於天下。

在生活中，為人豪爽是一件好事，但是態度過於隨便的人卻難以獲得別人的尊敬。

個性豪爽的人雖然比較好相處，但要受人尊敬，就應該善於利用這種豪爽。以我們的生活體驗，在一些娛樂性的場合，我們經常會想起這類人的加入。比如，因為那個人歌唱得很好聽，我們感覺和他相處得很愉快；或者因為某人舞跳得很好，所以我們樂意找他去參加舞會，等等。

人們之所以樂意在這些場合找他，主要是為了娛樂的需要，但是，如果人們只是在這種時候才想到他，這並不是一件什麼好事，因而也不會受到人們發自內心的尊敬。

如果一個人僅以一方面的特長去獲得別人的友誼，這樣的人其實是沒什麼價值可言的。由於他不具備其他特長，或者不懂得如何來發揮其他方面的優點，他也就很難受到他人的尊敬。

記住一個重要的處世原則就是，不論在任何時刻、任何境地，都要保持一種「穩重」的生活方式和處世態度。

1950 年，年僅 22 歲的李嘉誠創立了長江塑膠廠。

他之所以要創立這個廠，主要是他穩健思考觀察的結果。他透過分析，預計全世界將會掀起一場塑膠革命，而當時的香港，塑膠

是一片空白。這是一個機遇。可以說，他有審時度勢的判斷力。而這種審時度勢的判斷力，來自於他的穩重。

　　作為一個不浮躁、穩重的人，李嘉誠是很會判斷機遇，抓住機遇的。

　　在經營到第 7 個年頭的時候，李嘉誠開始放眼全球。他大量尋求塑膠世界的動態資訊。一天，他翻閱英文版《塑膠雜誌》，讀到了一則簡短的消息：義大利一家公司已開發出利用塑膠原料製成的塑膠花，並即將投入生產，向歐美市場發動進攻。他立即想到了另一個消息，那個消息說歐美人生活節奏加快，許多家庭主婦正逐漸成為職業婦女，家務社會化的要求越來越強烈。

　　這時他想，歐美的家庭都喜愛在室內外裝飾花卉，但是快節奏使人們無暇種植嬌貴的植物花卉。塑膠插花可以彌補這一不足。他由此判斷，塑膠花的市場將是很大的。因此，必須搶先佔領這個市場，不然就會失去這個機遇。

　　於是李嘉誠以最快的速度辦妥赴義大利的旅遊簽證，前去考察塑膠花的生產技術和銷售前景。正是由於他的這種穩重的工作作風，一條輝煌的道路由此展開了。

　　一個具有穩重態度的人，不僅善於抓住機遇，而且他也絕對不會隨便向別人溜鬚拍馬的；他也不會八面玲瓏，四處地去討好他人；更不會去任意滋事造謠，在背後批評別人。具有這種態度的人，不僅會將自己的意見謹慎清楚地表達出來，而且還能平心靜氣地傾聽和接受別人的意見。如此待人處世的態度，就可以說是一種具有穩重的威嚴感的態度。

　　而且，這種穩重的威嚴感也可以從人的外在表現出來，即在表情或動作上表現出慎重其事的模樣。當然，如果你能在此基礎上再

加上靈活的機智或高尚的氣質這種內在的東西，就更能增進你的尊
嚴感。

狼性法則 49

讓人優越，不失朋友

　　狼與狼之間的合作始終保持著一種默契，它們之間既不互相超越對方，也不貶低自己，從而達到一種合諧共處的原則。

　　有一句哲語說得好：「如果你要得到仇人，就表現得比你的朋友優越吧；如果你要得到朋友，就要讓你的朋友表現得比你優越。」

　　這句話是很有道理的，因為當我們的朋友表現得比我們優越時，他們就有了一種重要人物的感覺；但是當我們表現得比他們優越時，他們就會產生一種自卑感，造成羨慕和嫉妒。

　　無論你採取什麼方式指出別人的錯誤：一個蔑視的眼神，一種不滿的腔調，一個不耐煩的手勢，都有可能帶來難堪的後果。你以為他會同意你所指出的嗎？絕對不會！因為你否定了他的智慧和判斷力，打擊了他的榮耀和自尊心，同時還傷害了他的感情。他非但不會改變自己的看法，還要進行反擊，這時，你即使搬出所有柏拉圖或康得的邏輯也無濟於事。

　　有一位年輕的律師，他參加了一個重要案子的辯論，這個案子牽涉到一大筆錢和一項重要的法律問題。在辯論中，一位最高法院的法官對年輕的律師說：「海事法追訴期限是 6 年，對嗎？」

　　律師愣了一下，看看法官，然後率直地說：「不！庭長，海事法沒有追訴期限。」

　　這位律師後來說：「當時，法庭內立刻靜默下來。似乎連氣溫也降到了冰點。雖然我是對的，他錯了，我也如實地指了出來。但

他卻沒有因此而高興，反而臉色鐵青，令人望而生畏。儘管法律站在我這邊，但我卻鑄成了一個大錯，居然當眾指出一位聲望卓著、學識豐富的人的錯誤。」

這位律師確實犯了一個「比別人正確的錯誤」。因此，在指出別人錯了的時候，為什麼不能做得更高明一些呢？

德國有一句諺語，大意是這樣的：「最純粹的快樂，是我們從那些我們的羨慕者的不幸中所得到的那種惡意的快樂。」或者，換句話說：「最純粹的快樂，是我們從別人的麻煩中所得到的快樂。」是的，你的一些朋友，從你的麻煩中得到的快樂，極可能比從你的勝利中得到的快樂大得多。

因此，我們對於自己的成就要輕描淡寫。我們要謙虛，這樣的話，永遠會受到別人的歡迎。

狼性法則 50
主動交往，把握分寸

　　狼永遠是一個主動者，它們知道：如果不主動出擊，就會因失去獵物而挨餓；如果不去主動交往，就會使團隊失去合諧的凝聚力。

　　在生活中，很多人缺少朋友，僅僅是因為他們在人際交往中總採取消極的、被動的退縮方式，總是期待友誼和愛情從天而降。這樣，使他們雖然生活在一個人來人往的世界裡，卻仍然無法擺脫心靈上的孤寂。這些人，只做交往的被動回應者，不做交往的主動者。

　　要知道，別人是不會無緣無故對我們感興趣的。因此，如果想贏得別人，與別人建立良好的人際關係，擺脫孤獨的折磨，就必須去主動交往。

　　對主動交往來說，我們應該讓別人覺得值得與你交往。著名社會心理學家霍曼斯提出，人際交往本質上是一個社會交換的過程。也就是說，我們在交往中總是在交換著某些東西，或者是物質，或者是情感，或者是其他。人們都希望交換對於自己來說是值得的，希望在交換過程中得大於失或至少等於失。不值得的交換是沒有理由的，不值得的人際交往更沒有理由去維持，不然我們就無法保持自己的心理平衡。所以，人們的一切交往行動及一切人際關係的建立與維持，都是依據一定的價值尺度來衡量的。

　　正是交往的這種社會交換本質，要求我們在人際交往中必須注意，讓別人覺得值得與我們交往。無論怎樣親密的關係，都應該注意從物質、感情等各方面來「投資」，否則，原來親密的關係也會

轉化為疏遠的關係，使我們面臨人際關係的窘境。

在我們積極「投資」的同時，還要注意不要急於獲得回報。現實生活中，只問付出，不問回報的人只占少數，大多數人在付出後而沒有得到期望中的回報時，就會產生吃虧的感覺。

心理學家提醒我們，不要害怕吃虧。一方面，人際交往中的吃虧會使自己覺得自己很大度、豪爽，有自我犧牲的精神，重感情，樂於助人等等，從而提高了自己的精神境界。同時，這種強化也有利於增強自信和自我接受。這些心理上的收穫，不付出是得不到的。

另一方面，天下沒有白吃的虧。與我們交往的大多數無非都是普通人，在人際交往中都遵循著相類似的原則。我們所給予對方的，會形成一種社會儲存，而不會消失，一切終將以某種我們常常意想不到的方式回報給我們。而且，這種吃虧還會贏得別人的尊重，反過來將增加我們的自尊與自信。

但不怕吃虧的同時，我們還應該注意，不要過多地付出。過多的付出，對於對方來說是一筆無法償還的債，會給對方帶來巨大的心理壓力，使人覺得很累，導致心理天平的失衡。這同樣會損害已經形成的人際關係。

而對於把握交往的分寸來說，就要把握好交往的物件多少和週期長短。

這要注意避免兩點：

（1）交往對象太雜或太少

有些年輕人交往物件太多太雜，不同年齡、性別、社區、文化、行業、志趣、志向的人，都是他們的交往對象。

另一些人的交往物件又實在少得可憐，除了親戚、老鄉、老同

學或好朋友以外，對陌生對象都持冷淡、排斥的態度。他們擇友的標準很高，對作為交往對象的人的年齡、性別、學歷、經歷、身世、社會身份、家庭背景、興趣、愛好、性格、氣質、能力和人生觀及價值觀，甚至衣著打扮等等都有所考慮、有所要求。他們交往的範圍過窄，擇友的標準過高。

（2）交往時間過多或太少

在交往時間上，交往過度的人，用於交往的時間過長，整天都忙於交往之中。工作時間中，他們除了在辦公室應酬以外，還要在電話裡訂約會，在會客室裡接待賓客。業餘時間裡，他們不是在家裡應酬來訪的人，就是進出於飯店、賓館、酒吧、咖啡館、跳舞廳、影劇院和俱樂部，整天忙得筋疲力盡。

而交往不足的人則交往活動太少，交往週期過長。他們與人交往的時間，局限在逢年過節或朋友家的紅白喜事。他們與別人接觸的機會太少了，交往的時間也太短了。因此，他們與別人的關係是疏遠的。

綜上，如果交往過度，人們就對交往產生反感，從而轉向交往不足。而若交往不足，人們就會若有所失，產生孤獨感，從而又轉向交往過度。交往過度與交往不足互為因果，互相轉化，惡性循環，使許多人十分痛苦，以致搞得整個生活不得安寧。

交往過度和交往不足都不利於交往。要充分發揮交往的積極效應，就必須防止交往過度和交往不足的兩種偏向，探求交往的合理模式、方法和技巧。

第4章　運籌帷幄，取財有道

篇首語：
狼性嗜血，絲毫不改。
君子求財，取之有道。
全謀才有全功，全功才有全利。
狼性多變，頭腦詭異，
技巧要講，信譽為重，
知己知彼，百戰不殆。
這是狼者取財的智慧。

狼性法則 51
從事內行，把握十足

　　狼群天生就具有一種戰鬥性格，可以說戰鬥是狼生命的本質。在狼群內部，要透過戰鬥決定自身在狼群中的地位；在自然界，狼群要透過戰鬥獲得保障生命存活的食物；狼群還要和它們帶來許多災難的自然環境抗爭；它們還要和最可怕的人類交鋒。

　　沒有一種戰鬥的性格，狼族就不能在這個地球上生存。戰鬥就是它們的天性。沒有戰鬥就無法生存。

　　俗語說「隔行如隔山」。當今社會，人類分工愈來愈細，雖然各種行業之間緊密地聯繫在一起，但它們之間還存在著各種隱形的看不見的隔閡，有著各自的經營之道。這對於經營者來說，無論是初涉商海，還是久經沙場，只要去從事一種自己不懂或不太熟悉的新行業，就要謹慎，不可盲目行事。

　　俗話說：「買履當量足，吃飯當量肚」。作為經營者，無論你是從一個行業轉入另一個行業，還是初涉商場，從事一種新的行業，都應該先看看自己有沒有從事新行業的能力。如果自己沒有這方面的能力，而憑自己主觀的良好願望，「見食就餐」，超越自己的實際能力，即使一時吃進了肚子，也是無法將其正常消化和吸收的。而往往會落得萬事已俱備，只欠「能力」這個東風，結果落得事業無成。

　　有一位從美術系畢業的大學生，畢業後到一家雜誌社當美術編輯。他每日的工作不過是畫畫插圖，搞搞版式設計而已，輕車熟路，

得心應手，受到上司和同事的好評。但是做了一年，他嫌薪資低，毅然辭職，自己開了一家美工裝飾公司。開業才幾日，就承接了一筆十多萬元的裝潢業務。他找了十來個人，夜以繼日地做了起來。一個月後，裝潢工程做完了，他不僅分文未賺，反而虧本兩萬餘元。

誰都知道利潤極豐的裝潢業務，為什麼竟會虧本呢？其實道理很簡單，同樣一種生意，同樣的條件，內行的做會賺錢，而外行做肯定賠錢。上面說的那位作裝潢的大學生，在畫畫方面他是內行，但畫畫與裝潢完全是兩回事了。他連工程預算都不懂，更不瞭解工人、原材料等方面的知識，盲目簽了合約賠本在所難免。

現實社會裡，不熟悉又不在行而又能攬到有聲有色生意的，只有大集團。因為大集團有的是錢，相應的資訊管道也很暢通，容易聘請到專業人才加盟，也承擔得起風險。而小的經營者既沒有足夠的錢，又缺乏相應的專業人才，所以大集團的做法，剛剛涉足商界的人大多數都無法學習，與其冒不必要的風險，還不如專門從事自己的專長和所熟悉的行業，一樣可以殺出新路，成功的機會也相應大得多。

一心一意地去搞你熟悉和懂行的行業，你肯定會迅速賺到錢。否則，你只配做門外漢，站在人家的門外看人家吃肉，自己連油水沾不到，弄不好還弄「油」了自己的衣服，虧了本，賠了錢。所以說，做自己內行的事，這是最有保證的明智之舉。

狼性法則 52

以誠待人，長盛不衰

　　誠實是一種美德，更是一種風骨。在狼族世界裡，它們不可能知道這樣的概念，但它們卻知道這樣去做。

　　沒有任何哺乳動物比狼族付出更多的心力奉獻給它們的家庭、組織或是社會群體。這就是狼。

　　對於做生意，很多人都認為「老實人總是吃虧」。「要做生意，就不能太老實了。」「無奸不商。」而且這些好像已經成為一種共識。其實，誠實才是商界所普遍推崇的東西，許多成功的商人都是靠誠實贏得了信譽，生意越做越大。即使那些不太誠實的商人，也都希望對方是誠實的。

　　那些取得成功的人都有許多共同的特點，其中之一就是——為人誠實。美國知名的房地產經營家喬治就是以誠實著稱的，大家都親切地稱他是「房地產大王」。

　　喬治常對人述說他早期創業的一則故事，當時他在伊利諾州擔任房地產業務人員。有一棟房子由他經手出售，房主曾告訴他：「這棟房子整個結構都很好，只是屋頂太老，早就該翻修了。」

　　喬治第一天帶去看房子的顧客是一對年輕夫婦。他們說準備買房子的錢有限，很怕超支，所以想找一幢不需大修的房子。他們看了之後，很快地就喜歡上了它，特別是它的位置，想要馬上搬進去住。這時，喬治對他們說：「這棟房子需要花 7000 美元進行重新整修屋頂。

喬治知道，說出這棟房子屋頂的真相，這筆生意可能因此做不成。果然，他們一聽到修屋頂要花這麼多的錢，就不肯買了。一個星期之後，喬治得知他們去找另外一家房地產交易所，花較少的錢買了一棟類似的房子。

喬治的老闆聽說這筆生意被別人搶走了，非常生氣，他把喬治叫到辦公室。

老闆對喬治的解釋很不滿意，更不高興喬治替那一對夫婦的經濟條件操心。「他們並沒有問你屋頂的情況！」他咆哮著說，「你沒有責任說出屋頂要修，主動說這個情況是愚蠢的！你沒有權力說，結果搞壞了事！」於是，他把喬治解雇了。

但是，喬治並未因此而否定自己的做事原則──誠實做事。他受到的教育一直是要他說實話。他的父親總是對他說：「你跟別人一握手，就算是簽了合約，講的話就要算數。如果你想長期做生意，就要講公道。」喬治最關心的是他的信用，而不是錢。他當時雖然想要把那棟房子賣掉，但絕不肯因此而損壞自己的人格。即使丟掉了工作，他仍然堅信自己唯一的做事原則就是把所有的真相統統說出來是正確的。

喬治向親戚借了些錢，搬到了加州，在那裡開了一家小型的房地產交易所。過了幾年，他以說老實話出了名。這樣做使他丟了不少生意，但是人們都知道他靠得住。他贏得了好名聲，生意做得很興隆，在全美各地設置了營業處。

誠然，在經商過程中，可能由於誠實而失掉某些你想要的東西。但是生意人需要的是建立信用，樹立真正誠信的形象，使自己的話被人信賴。

狼性法則 53

善於吃虧，精明之舉

　　狼為了狩獵，可以忍受幾天的饑餓，仔細挑選最合適的攻擊物件，耐心等待最合適的攻擊機會；狼為了逃脫陷阱，甚至會咬斷自己的傷腿……狼所有的一切僅僅是為了生存，為了生存它們能夠做到適時吃虧。

　　很多成功的生意人在經營過程中都善於用一時的損失和痛苦作代價，換取巨大的市場和利益。他們往往明知不可為而為之，靠的就是比別人看得更寬，想得更全面，更深遠，思維更有深度。

　　美國人愛德華·法林，看準了美國人希望商品物美價廉，喜歡標新立異的心理，在波士頓市市中心開了一家商店，他的商店有一種特別的經營方法：商品標出價格和首次上貨架的日期，頭 12 天按所標價格出售；從第 13 天起，按原價的 3/4 銷售；再過 6 天，按原價的一半銷售；再過 6 天，按原價的 1/4 銷售；如果再過 6 天仍未賣出，商品就送慈善機構。

　　法林的商店能否生意興隆？人們紛紛表示懷疑。很多人說法林傻，如果顧客等到商品價格降到最低時來購買，商店豈不大虧？但法林信心十足，他這樣推測顧客心理：陳列在這裡的商品，都是價格便宜的，自己不買，別人就會買走。事實上，好些商品往往未經再次降價就被人買走。

　　法林創辦的自動降價商店，不僅著眼於滿足顧客的需要，還著眼於社會宏觀的經濟。他認為，任何企業在順應瞬息萬變的市場需

求時，總會有脫節的時候，自動降價銷售對於處理滯銷商品會有很大作用，從而有利於社會再生產的順利進行。

俗話說：「捨得金彈子，打中巧鴛鴦」。這句話是指以小的損失來換取大的勝利，來達到提高企業信譽，增加盈利的目的。

一位患胃潰瘍的病人，正為沒有錢去醫院治療而犯愁，他的一位朋友告訴他，網路有則廣告說，有一家專治胃潰瘍的診所，為患者提供免費治療。

晚上，那位病人在網路上真的搜到了那則廣告，廣告裡講：「你是不是得胃潰瘍了？如果是的話，那麼你現在就該和醫生約定時間前去就診。你如果被確診為胃潰瘍，你將得到免費治療，而且，你每次到這裡治療時，還將得到診所付給的 25 美元的報酬……」

千真萬確的廣告，給這位經濟上十分貧困的患者帶來了福音。第二天一早，這位元患者就來到網路上介紹的伍德曼──珀卡爾診所。他看到許多和他一樣慕名而來診治的病人，已坐滿了這間本來就不太寬敞的屋子，兩位戴眼鏡的醫師，正在和藹地詢問著病人的病情，這位患者看到，被確診為患了胃潰瘍的病人，真的從服務小姐那裡領取了 25 美元的報酬。

為什麼會出現付錢給病人的奇特診所呢？伍德曼是一位不註冊的藥物製造商，他的合夥人是個取得了化學博士學位的化學家珀卡爾。他們看到，時下胃潰瘍病流行，患者很多，如果與別人一樣來收費治療胃潰瘍，即便是首屈一指的醫療機構，也難以在激烈的市場競爭中求得生存和發展。何況他們僅僅只有一間實驗診所，為了招來更多的胃潰瘍患者，他們創辦了這家獨具風格，付錢給病人的診所。

診所剛剛開張營業，患者便蜂擁而來。按照常理，這樣的賠

本買賣，診所豈不註定要關門嗎？原來，診所透過給胃潰瘍病人診治，可以獲得大量可靠的第一手醫療研究資料和資料。利用這些資料和資料，可以爭取儀器與藥物管理局批準製造新產品。藥物實驗室每實驗成一種新藥物，兩位經營者便可以獲利 500 萬美元，可見伍德曼——珀卡爾診所確實是捨小取大的大贏家。

吃虧是一門學問，敢於吃虧，善於吃虧的人，才是商戰中的佼佼者。

狼性法則 54

不屈不撓，堅忍等待

　　狼群在圍捕獵物時總要進行仔細的觀察，這種觀察最長的時候會持續幾天的時間。在漫長的觀察等待過程中，它們沒有絲毫的疲倦和厭惡，它們也不會沒有目的地追逐或者騷擾獵物。

　　忍耐是一種心理狀態。在忍耐中，狼群把握住了機會，並取得最後的勝利。

　　對於良機，要善於等待。等待不利之時過去，就可能完全改變現狀，解決問題，使困難變得無阻於你，甚至讓困難給你帶來全新的機遇。

　　羅克韋爾公司是美國一家多種經營的大公司，主要研究、設計和製造民用航空航太產品，是美國聯邦政府的主要承包商，總部在美國工業城市匹茲堡。第二次世界大戰初期，它曾經生產過 B-52 轟炸機，為打敗德國納粹立下了汗馬功勞。後來轉向火箭設計，為政府製造導彈、火箭、導航和控制系統等等。20 世紀 50 年代末，羅克韋爾公司開始試製 B-1 轟炸機，公司決策人物清楚地知道，如能爭得五角大樓的支持與訂貨，利潤將以億計算。然而，令公司決策層沒有想到的是，等待他們的竟是一場曠日持久的公關大戰，而且這場大戰一打就是 10 年。

　　B-1 轟炸機是一種性能優良、造價高昂的常規武器。20 世紀 60 年代末，傾向於羅克韋爾公司的聯邦國會議員提出，要用正在試製的 B-1 轟炸機代替已經陳舊的 B-52 轟炸機。幾乎與此同時，

1969 年議會內的「透過立法爭取和平」議員小組發表了一個關於軍費問題的報告，報告中指出，B-1 轟炸機還處在試製階段，無法證明它優於 B-52 轟炸機，費用又如此驚人（估計每架造價 3 億美元），因此無論從軍事上和經濟上看都是不合理的。當時正值尼克森總統時代，曠日持久的侵略戰爭，消耗了美國大量的財力、人力，民眾怨聲載道，反戰呼聲異常強烈，人們指責政府高額軍費開支影響經濟發展。反越戰的一些組織，聯合了包括宗教、環保、和平、消費者、公民和勞工等在內的 36 個組織，組成聯盟，發動了一場反對 B-1 轟炸機的群眾運動。

羅克韋爾國際公司在強大的反對勢力面前，沒有退卻，而是組織和聯合了相關的飛機公司及企業，與之抗衡。1976 年，以羅克韋爾國際公司為首，飛機生產廠商及承包商等被廣泛動員起來，開始了一場聲勢浩大的公關戰。他們建立了一個專門委員會，以協商公共關係活動。委員會動員公司所有的股東和 12.3 萬名員工用打電話、寫信、發電報、會見本選區議員等方式，向有關議員施加影響，又動員 40 多個承包商也去發動群眾，對更多的議員施加影響，到 1976 年 8 月，僅信件就發出了 8 萬多封。功夫不負有心人，在 1976 年的國會上，經過激烈辯論，眾議院同意撥款 9.48 億美元購買三架 B-1 轟炸機，為繼續生產這種飛機又另撥專款。

卡特總統上台以後，反對一方大力活動，迫使卡特政府於 1977 年 6 月 30 日宣布，用巡航導彈改造 B-52 轟炸機，撤銷 B-1 轟炸機的生產。隨後，國會兩院也否決了生產 B-1 轟炸機的事情。於是，反對派聯盟歡呼勝利，在完成「歷史使命」的美好感覺中宣布解散聯盟，各自打道回府。此時，羅克韋爾國際公司並沒有洩氣，相反，他們趁此機會，一方面堅持在政府部門的兩院活動；另一方

面，組織數百名工程師、技術人員改進飛機設計，減少污染，降低造價，繼續爭取政府訂購。

時機終於被不屈不撓的羅克韋爾國際公司等到了。20 世紀 70 年代末 80 年代初，前蘇聯有了更精確的導彈，美國瞭解情況後，決心趕上並超過前蘇聯，不僅要有 MX 這樣一流的導彈，也要有更好的轟炸機。雷根總統上台後提出的龐大的防務計畫中，就包括生產 100 架 B-1 轟炸機。1981 年，聯邦參眾兩院分別經過 40 小時和 9 小時的辯論，通過了雷根總統的計畫。這意味著，以羅克韋爾國際公司為首的飛機生產企業和承包商歷時 10 年，最終取得了勝利，如願以償，獲得 100 架 B-1 轟炸機的生產訂貨，獲利 4 億美元。

由此可見，等待更是一門藝術。有許多事情是不可能一蹴而就的，需要的何止是等待，有的簡直就是堅韌的精神。

看看狼捕食前的潛伏過程，你就會對「等待」一詞有更深的理解。等待越久，潛伏的時間越長，捕獵的時候就會越兇猛，越迅速，獲得成功的機會就越大。

狼性法則 55

製造焦點，勝券穩操

　　狼知道自己的全部優點和弱點，更知道獵物的每個特徵和習慣。在不同時間，不同地點，面對不同的對手，狼群都會採取不同的策略。任何一個細節、一個「焦點」，都會被狼考慮到。

　　如今的社會，人們都好「熱」。新聞抓「焦點」，謀職找「熱門」，做生意看「熱銷」⋯⋯。商品由暢變滯，利潤由大變小，起決定作用的，就是商人對「熱」的悟性。

　　似乎形成了這樣的定律：熱，就會人氣上升，財星高照，趁「熱」經商，就會穩操勝券。曾幾何時，股票熱時，炒股的發了；房地產熱時，炒房地產的發了；君子蘭熱時，炒君子蘭的發了；經商熱時，早期入市者發了。於是商人從「熱」中看出了門道，「熱」就有市場，就有財源。商人成了名副其實的「追熱族」。

　　社會上出現的各種「熱」，是一種客觀現象，是人的世界觀、價值觀、消費觀等因素的綜合反映。精明的商人，善於利用人們的心理，並推波助瀾，變「小熱」為「大熱」，變「單項熱」為「連環熱」。

　　在法國，1989 年的冬天刮起一陣「戴帽風」。女士們紛紛戴上鐘形小呢帽、卓別林式小圓頂帽、羅賓漢式小呢帽、帽沿為螺旋形的賀頂呢帽、雙色呢、扁平軟帽、方格鴨舌帽等，男士們則戴得州牛仔帽、燈芯絨扁軟帽等。青少年也跟著湊熱鬧，戴一種曾在 70 年代流行一時的軟蓋帽。這給帽子經銷商帶來好運。

也在 1989 年，日本掀起一股「包袱熱」，一些時髦婦女身穿時裝，手捧或拎一個飾有各種寵物以至名山風景的古典式包袱，形成一種集古今於一體的調和之美。各百貨公司競相推出花色繁多的包袱，並把它列入「時裝」之內，生意頗為興隆。

還是在 1989 年，中國則出現了「宮廷熱」，「清宮御點」、「宮廷糕點」紛紛上市，連茶盒上也印上了「御用珍品」的字樣。一些餐廳掛起了「宮廷風味」的招牌，廳內的擺設也仿照宮廷的格局，讓人在「宮廷」中盡情地品味美食。故宮出租皇帝衣裝，供拍照留念，讓「瞬間皇帝」的風采流傳萬古。有一家酒廠推出「宮廷酒」，特邀清朝最後一位皇帝溥儀的弟弟來倒酒的「宮廷味」。

上述「熱」的民族色彩較濃。更多的「熱」，則具有國際性，往往在若干國家以至全球範圍內同時掀起，如「腿部時裝熱」。

有時候，焦點是人為炒做出來的，有的商家精於此道，採用各種方法，製造「焦點」，也發揮了不錯的效果。

某貿易大廈在市場疲軟、銷售額大幅度下滑的情況下，認真分析了市場形勢，提出了「以市場為導向，實施焦點經營」的策略方針。

（1）捕捉焦點

當進口高檔鞋走俏，大廈經營者對這一市場訊息進行了分析，果斷地成立了該市首家經營進口鞋的合資企業「國際鞋店」，一炮打響。

（2）催化焦點

消費者需要引導，焦點需要催化。商業大廈從市場監測中瞭解到，南方流行印花仿麻紗西裝，為了引導北方顧客的消費，把這種西裝催化成消費焦點，聘請時裝模特身著印花仿麻西裝，走街串

巷，大作廣告，一個月內竟售出 40 萬元的商品。之後，大廈又舉辦了「T 恤展銷」，請來龍獅舞表演隊與模特表現相結合，大大刺激了消費，30 天售出 53 萬元的 T 恤。

（3）製造焦點

當貿易大廈捕捉到一個資訊：當中學生不買平底鞋。對此，大廈及時召開了題為「大家都來關心中學生」的「三方對話會」，大廈經營者與生產者、消費者三方坐在一起暢所欲言，使生產廠家獲得了有價值的建議，據此生產出來的適銷對路的鞋子，又成為銷售的焦點。

透過「焦點經營」，大廈增加了經銷商品的品種和營業額。貿易大廈充分發揮公共關係的核心環節——市場監測功能，使焦點商品不斷增加，企業走出了困境。

市場監測還必須準確、及時、全面，只有這樣，才能促進監測效果向經濟效益的轉化。

狼性法則 56
借助名牌，提升自己

老虎號稱「獸中之王」，在有些時候，狼會和老虎合作共同捕獵，這也許有「狼假虎威」之嫌，但這是狼生存智慧中的一種，它們借助老虎的名氣，從而達到提升自己在叢林的地位。

在現代社會中，名聲與財富一樣具有馬太效應，即越有錢的人越容易有錢，越有名的人越可能有名。可對於眾多的新企業來說，往往是既無錢又無名聲，此時如果能巧妙地借助名牌的名氣來提升自己的知名度，無疑是一種絕妙之技。

美國黑人化妝品在大約 50 年前都流行一種觀念：化妝品的牌子是很重要的因素。因此，人們在購買化妝品時，往往是沖著某種產品的良好聲譽去買的。按消費者自己的話說，「因為這樣才『對得起這張臉』」。這種情形，對名氣不大的新產品很不利。

當時，詹森黑人化妝品公司僅僅是一個只有 500 元資產、3 名員工的名不見經傳的小公司。但是，詹森公司不想坐以待斃，他決定想辦法變換這種不利的局面。

他發現，公司其實就和人一樣，試想一下，如果你是一個普通人，不出「意外」的話，人們一般是不會去注意你是誰的。一旦你和總統站在一起，人們肯定要打聽，那個站在總統旁邊的人是誰啊？公司也是一樣的。當時，美國黑人化妝品業中的泰斗是佛雷公司。於是，在詹森生產出一種叫「粉質化妝膏」的產品後，他決定借佛雷公司的名聲一用。

　　於是，在化妝品時常上很快就出現了這樣的廣告：「當你用過佛雷公司的產品化妝之後，再擦上一層詹森的粉質化妝膏，將會收到意想不到的效果。」正如詹森所預料的那樣，在詹森公司的這個廣告播出後，他的「粉質化妝膏」立刻為人們所接受。因為它是和大家信賴的名牌——佛雷一起出現的，佛雷的名譽成了詹森產品的品質保證書，消費者很自然地接受了詹森的產品。

　　就這樣，詹森公司產品的市場佔有率迅速擴大。接著，詹森公司生產出一系列新產品，經強化宣傳，只用了短短幾年的工夫，詹森生產的化妝品便將佛雷公司的部分產品擠出了化妝品市場。美國黑人化妝品市場成了詹森公司的天下。

　　日本魅力公司也與詹森公司有非常相似之處。這家公司的老闆高原慶原是一家特殊紙製品公司的職員。1974 年，他發現婦女專用的衛生紙需要量很大，就決定從事這一有前途的行業。在當時的日本市場和國際市場上，「安妮」是最著名的品牌。「安妮的日子」已經成為婦女月經來潮的代名詞。高原決心打破「安妮」的壟斷地位。

　　首先，他在產品品質上下功夫，經過反覆實驗，他研製了一種比安妮更柔軟，同時更能吸收水分的衛生紙。同時，他發現消費者都有一個共同的心理特點，那就是，在買月經用品時，心理上總有一種難以啟齒的害羞感，總要尋找一個託辭。優美的產品名字就是為此類產品打開銷路的重要條件。就這樣，「魅力」產生了。取好名字後，為了讓自己的產品看起來比「安妮」更美觀、更衛生，他選擇了比「安妮」的包裝密封性更好的包裝材料，又請設計專家為產品設計了精美的圖案印在外包裝上。

　　產品算是成型了，在將它推向市場時，高原深知，自己的資金

微薄，不可能像實力雄厚、並已成為名牌的「安妮」那樣，不惜成本大做廣告。於是他大動腦筋，最後他靈機一動，決定不花一分錢去做廣告，而是要讓安妮的產品來做自己的襯托，為自己開路。同時，他把自己的產品安排到銷售「安妮」的商店去，用各種方式說服店家，將「魅力」產品和「安妮」產品並排放在一起。

這樣一來，「魅力」就不動聲色地利用了「安妮」的名聲，在櫃檯上和「安妮」處在了同等醒目的位置上。

這一方法取得了比他預期還好的效果。婦女們一到商店，看見並排而放的「安妮」和「魅力」，馬上就明白這是一種經期產品；而且既然是跟「安妮」並排，那就應該也不會差；再加上它的包裝比安妮更精美，讓人忍不住買一點回去試試。一試，發現它在品質上和舒適程度上比起「安妮」來更勝一籌，以後就更是要買它了。

這樣，先依靠「安妮」給自己作襯托的「魅力」，自 1974 年推出自己的產品後，銷售量不斷上升，並且由於產品在以後的幾年裡又不斷進化，所以沒多久就取代「安妮」成為了日本最具影響的名牌衛生用品。

從故事中可知，要使用這一策略，必須具有兩個條件，首先須要「傍」的公司必須是為大眾所熟知；其次，企業產品必須要夠知名，要經得起和要「傍」的大公司的名牌產品的比較。如若不然，那就不是借大公司的美名為自己增輝，而是去用自己的醜姑娘陪伴西施，那可是使其愈見其醜，也就越難「嫁」出去了。

狼性法則 57

以四兩力，撥千斤重

　　在草原上，野牛可算得上是比較兇悍的動物了，它們的體重在 1000 公斤左右，頭頂有鋒利的雙角，即使面對最富有攻擊性的捕食動物，也毫不退縮。但今天它們遇到了狼。

　　狼在牛群四周遊蕩，它們並非漫無目的，而是盯住獵物。野牛覺察到了危險，增強了戒備。狼的體重只有 40 公斤，和家犬的體重差不多。為了獲取成功，狼必須學會以「以四兩撥千斤」之道。它們必須解決兩個問題——協作狩獵和等待合適的獵物。如果在選擇目標時發生失誤，最終會葬送自己的生命。所以狼必須等待尋找老弱病殘的獵物。

　　商戰猶如用兵打仗，要想取得商戰的勝利，光有匹夫之勇，橫衝直撞不行，還得有運籌帷幄，決勝千里的雄韜大略。有時，一個小小的智謀抵得上雄兵百萬，頗有四兩撥千斤之妙。

　　世界著名的廣告大師大衛‧奧格威為海夏威襯衣策劃的全國性廣告活動，僅以 3 萬美元的預算就打敗了預算 200 萬美元的箭牌襯衫的廣告，當時箭牌襯衫已經是全國名牌產品，而且揚‧羅必凱為它創造了被稱之為經典的廣告，但是大衛‧奧格威選用了一個強有力的創意：一個戴黑眼罩的黑人身穿海夏威襯衫。在製作廣告時，大衛‧奧格威在去攝影棚的路上，才花幾美元買了個眼罩。大衛‧奧格威事後說：「迄今為止，以這樣快的速度，這樣低的廣告預算建立起一個全國性的品牌，這還是絕無僅有的一例。」

　　有一位德國的汽車製造商，他做廣告的形式頗為獨特，他與全城的理髮師建立關係，因為理髮師可以接觸到各種各樣的人。他讓理髮師在為客人服務時有意無意稱讚他造的汽車，一旦客人感興趣，就會追問下去，多半是想買那種汽車，理髮師拿出汽車商的名片，生意做成後為製造商促成這筆生意的理髮師分成。這樣做的效果非常好，而且花費也很小。

　　吉拉德是世界有名的促銷專家。在推銷史上，他獨到巧妙的促銷法被廣為傳誦。

　　吉拉德採用的是有節奏、有頻率的「放長線釣大魚」的促銷法。他認為自己認識的人都是潛在的客戶，對這些人，他每年都要寄出 12 封信，每次採用不同的色彩及投寄方式，在信封上也避免使用與其他行業相關的名稱。

　　元月，在信函上展現精美的喜慶氛圍圖案，配以「恭賀新禧！」幾個大字，下面是署名「雪弗蘭轎車喬伊·吉拉德」。即是遇上大買賣，也絕不提買賣二字。

　　2 月，「祝你享受快樂的情人節」，下面是簡單的署名。

　　3 月，寫的是「祝你聖派翠克節日快樂！」聖派翠克節是愛爾蘭人的節日，也許你是波蘭人或捷克人，這無關緊要，關鍵是祝願。

　　然後是 4 月、5 月、6 月……

　　不要小看這幾張印刷品，它的廣告效益絲毫不亞於成本上百萬的大廣告，以這種溫馨的方式作廣告，當然容易被客戶接受，自然會帶來源源不斷的訂貨單。

　　在現實生活中廣告主投入巨額的廣告費，但效果並不理想，這種情況十分普遍。一般情況下，充足的廣告費才能保證廣告發揮必要的效果，但是這兩者的關係並非永遠成正比。有些廣告主每年都

投入上百萬元的廣告費，但不論其產品的知名度還是市場銷售效果都不盡如人意。美國第三大汽車公司以前也花費上百萬元，年年做廣告，可是汽車的銷量卻是逐漸遞減，這個原因就不是廣告費的投入問題，這其中還包括廣告創意，視聽效果等許多問題。

因此，企業在做廣告時千萬不要認為只要捨得投入，就能收到好效果，一定要放開思路，以最便宜的費用，求得甚佳效果的廣告。

狼性法則 58
經商之道，攻心為上

狼和某些大動物合作時，它們為了捕捉到更大的獵物，必須以心交流，以真誠換取最終的結果，只有這樣才能達成一種共識。

如今的商業競爭，已經演變為商品品質、價格、售後服務和企業形象、信譽以及消費者的關係等全方位的戰爭。特別是與消費者的關係、情感，在商品行銷中的作用越來越顯得重要。

感情能轉化人的認識，感情能調節人的行為，在商家林立、貨比多家的情況下，人們自然更願意到信得過、感情親近的商家購物。

現代商戰的勝利，不在於你佔據多少個商場，而在於你佔領多少個消費者的心，佔領了消費者的心，你就擁有了一切。在激烈的市場競爭中，商戰的贏家是人心與金錢的雙贏。

那麼，行銷中怎樣才能既賺得人心又能賺得合理的利潤？這除了要具有真情真愛，真正視消費者為衣食父母而不是口頭上的「上帝」之外，還有一些謀略、方法需要靈活運用。

（1）雪中送炭

人生在世，衣食住行，一天也離不了，而且常常還會出現對某種商品的需要。急人所急，解人之困，不失時機地將消費者急需的某類商品送上，便會格外得民心，順民意。

有家真空棉被廠，開業之初，恰逢九九老人節，他們便籌辦了一次獻愛心活動，將生產的第一批棉衣棉被，拿出一部分贈送給當

地的貧困老人。這件事，多家新聞媒體爭相報導，結果使該公司既有了知名度，又贏得了口碑。產品面世，立刻形成熱銷之勢，達到了名利雙收的目的。

雪中送炭的關鍵是知雪、識雪，自然界的雪是容易察覺的，而消費者生活中的「雪」就需認真地調查觀察並具備「葉落知秋」的敏感才能發現。

（2）錦上添花

生活中，人人都有喜事，家家都有喜事。俗話說，人逢喜事精神爽，人一旦有了好心情，就容易接受他人的建議，並採取某種行動。所以，當他人處於喜慶的時刻，喜慶的場合，不失時機地獻上一份禮品或信物以示祝賀，為對方助興增光，對方便會喜上加喜，將商家視為知己。一朝視為知己，便成了親近的顧客。

有家酒店，對前來辦生日宴、婚宴、壽宴等宴席的顧客分別建立了「紀念檔案」，每逢他們的婚、壽、誕辰紀念日，酒店都要免費為這些顧客送去賀卡和一份喜慶蛋糕。禮物雖輕，但情義卻分外重，每每讓老顧客喜上眉梢、激動不已，對酒店倍感親近，心甘情願成為酒店的回頭客。

錦上添花的運用之妙在於識「錦」，即要透過認真地調查觀察，及時發現消費者生活中的喜事，針對其美好的心境，獻上一份愛心，以激起對方情感的浪花，贏得對方的青睞。

（3）樂善好施

企業經營有了一定實力後，拿出部分利潤贊助公益事業，救災助殘等，既是對社會的回報，盡一份社會責任，也是對廣大消費者奉獻愛心、塑造企業美好形象的一種積極表現。

1998 年，江西遭受超大洪災，牽動了億萬人的心，中國全國

上下，有錢的出錢，有物的出物，支援災區人民抗洪救災。生產神州牌熱水器的一家企業，果斷地決定免費為災區民眾維修被洪水侵蝕壞的熱水器，並及時做出廣告，告之廣大消費者。消息傳出，立刻受到使用者和社會公眾的高度贊許。施義舉於他人遭受災難時，這最易打動他人的心，加之抗洪救災系當時的新聞焦點，為全中國民眾所關注，所以說，企業的形象和信譽由此得到了很大的昇華和提高。

樂善好施作為一種公關手段，在實施中還必須選準物件和時機，生產神州牌熱水器的那家公司在這方面處理得就十分恰當，收到了事半功倍的效果。

（4）推心置腹。

人非草木，孰能無情，在商務活動或直接的商品推銷中，有時幾句推心置腹的話便能勝過長時間的爭辯。因為推心置腹以心交心，與對方的情感世界相通，容易引起共鳴。

古人說一言九鼎，似乎有些誇張，但說話針對人的情感世界和生存的普遍要求，常常可以發揮意想不到的作用。

狼性法則 59
捧殺對手，迫其放棄

　　高爾夫球中有一句術語叫「捧殺」，即，假如某人高爾夫球打得非常出色，在他玩得最開心的時候，使勁地稱讚他，那人便會失常，無法準確地把握擊球的方向。

　　這種方法也是狼慣用的智慧。當它們與大型動物共同捕獵時，狼會適時吹捧和它們合作的動物，那些大動物受到了「捧」之後，它們自然會全力以赴，展現自己，而這時狼可以坐收漁翁之利了。

　　有這樣一個事例：一天，東京京橋的蛇目縫紉機工業總公司的社長島田，收到松下的一封詞句誠懇的親筆信，他正在高興之際，記者鈴木「駕臨」。島田遞過信，朝記者先生神秘地一笑，不無得意地說：「這是松下先生寫給我的親筆信。」

　　「你認識松下先生嗎？」鈴木接過信問道。

　　「不，從來未見過面。我是久慕他的大名，至於他，恐怕也聽說過我。」島田一臉高興的表情。

　　鈴木展開那封信，字跡清秀工整，立即給人嚴肅認真的聯想。

　　信的內容是這樣寫的：「十分冒昧地寫信給您，很對不起。關於您的蛇目縫紉機的經營，我常常深受感動。從報導中看到你說：『蛇目縫紉機公司除了縫紉機以外，什麼也不生產。有很多因插手各種行業而導致失敗的例子，縫紉機廠家只應該生產縫紉機，』並且您也將它貫徹實行了。這種專業的經營方針，是蛇目縫紉機公司獨特的作風。

「我們松下電器也在考慮類似的做法。總之，想試著插手其他行業，是人類的一種劣根性，而我覺得，您那種專業的想法令人非常欽佩。另外，我想親耳聆聽您的教誨。某月某日在京都真真庵等候您，請務必前來。」

真真庵是松下長期以來招待賓客的京都宅邸，如果不是松下自己的客人，是不會在那兒招待的。對瞭解這些內情的島田而言，接到如此榮譽的請柬，自然萬分感激。

但是，記者鈴木讀完這封信，就感到裡面有文章，否則松下不會寫給素未謀面的島田這樣的親筆信。

也許是記者的職業毛病，鈴木直言不諱地提醒島田：「島田先生，這是松下幸之助的陰謀！」

島田吃驚地看著記者的臉：「什麼？你說的陰謀是……」

「蛇目縫紉機在全國有 600 家營業所吧，假設 600 家營業所都出售電器產品，結果會怎麼樣？你不認為是對松下電器的威脅嗎？」鈴木看著天花板自顧自地說：「松下的陰謀你還沒有看出來？」

剛才還處在興致勃勃中的島田，聽了鈴木的話，沸騰的血有些發涼了。他呆呆地看著鈴木，一副「難道真是這樣」的表情。不過島田很快恢復了常態，從容不迫地說：「鈴木先生，如果這樣想的話，那人們不是不可信賴了嗎？總之，我先坦誠地接受松下先生的讚美。」

但鈴木還是忠告島田：「不過，你要記住，與他會面時什麼都別說。你最好想著，他是會考慮那些事的人，這樣去會面就沒有問題了。」

在當時的縫紉機行業中，蛇目踞首位，其次是兄弟、力卡。其

中兄弟公司已插手電器產品、編織機及與電腦有關的機器；力卡公司也從經營家電發展到擁有商業旅館的連鎖店。他們均意識到只生產縫紉機將會阻礙發展，所以企圖走向多元化經營。

「司馬昭之心，路人皆知。」松下盛讚蛇目公司「專業」經營的用意，經過鈴木解釋，島田應該十分清楚。但是，島田並沒往心裡去，他把松下的信刊登在公司內部報刊上，向員工誇耀自己的想法如何高明，以至於受到「經營之神」的賞識等等。

十幾年後，在談到蛇目縫紉機衰敗的原因時，鈴木記者一針見血地指出：「在我看來，是因為松下的陰謀巧妙得逞的緣故。」

通常，當一個人被他人稱讚後，總會過分意識到要做得更好，不能丟臉，結果往往會弄巧成拙。

松下沒有必要讓島田的企業在縫紉機行業中水準失常，只是要島田的注意力框死在縫紉機上，希望他即使經營不善，也不要插手到電器行業中去。島田越把松下當作「經營之神」來尊敬，那效果越好。

松下正是因為認識到這一點，才向島田寫那封信的。而後來的事實又偏偏證實了這一點。這裡，松下寫給島田的信再高明不過了，他用心良苦，徹底使島田放棄了競爭的打算，避免無謂的「流血犧牲」。

狼性法則 60
充分準備，成功討債

狼與豹共同捕到了一隻獵物，兇狠的豹為了獨享獵物，把狼趕跑了。當然，一條狼是絕不會單獨和豹掙搶的，它會聯合狼群做好準備，共同對付豹，這樣豹見到狼群就會乖乖跑掉了。

商業競爭如果沒有信用，就是一潭死水，永無繁榮之日。有信用，就有應收賬款，但天長日久，許多應收賬款就成了難纏的「債」。你的帳面收入很漂亮，但是撈不上岸的債務成了你心頭一大痛處，為了使你的企業儘快擺脫困境，走出「陷阱」，你有必要學會一些關於討債的知識。

首先你要摸清債務人的情況，一般債務人拖欠債款不外乎以下幾個原因：

（1）無力償還

造成無力償還的原因，有自身的：如經營管理不善，拆東牆補西牆，揮霍消費，各種經濟聯合體和私營企業內部發生糾紛等；有外部的：如市場物價變化，國家機構、計畫改變，上當受騙等。這類債務人對債務的心理狀態，可分為積極的，即想方設法償還債務；消極的，即無動於衷，漠然處之。對於積極的債務人，可盡可能幫助支持，爭取債務人早日清償債務；對消極的債務人應施加壓力，儘快採取法律手段，包括提出破產申請。

（2）故意拖欠

這種人有償還能力，但尋找各種藉口，故意拖延履行義務。有

些人拒還債務的託辭聽起來好像自己不但不履行義務，反而還受到了損失似的。

（3）還有一種常見的現象，就是躲藏起來，回避討債人員。

這類債務人的心理是：能磨就磨，能拖就拖，能少還就少還，不見棺材不掉淚。

（4）存心賴帳

有的一開始就準備賴帳，有的在履行過程中有機可乘就賴帳。他們或吹毛求疵，強詞奪理，尋找債權人的缺點，或乾脆外躲難尋。一旦發現債務人賴帳的動機就要引起高度重視，切不可使其有可乘之機。

（5）蓄意詐騙

這種人企圖利用合約糾紛等合法手段，達到逃債目的。對此類債務人，萬不能讓其抓住債權人討債心切的心理。這樣做的後果，非但不能達到討回欠款的目的，反而會增加難度，使其更加猖獗。

其實，債務人的境況和心理相當複雜，而且處於不斷的變化之中，在此難以舉例，但需要提出的是：當債務主體是公民或公民利用法人義務而實際債務人是公民時，債務人躲藏，外逃至被關押、判刑的情況屢有發生，給討債帶來了很大不利。對於這些情況，債權人要時刻警惕，關注債務人的舉動，避免遭受損失。

在當今信息量與日俱增的社會裡，從事任何一項事業都需要一定的或者充分的知識準備才行，否則，你的行動就只有苦勞而沒有功勞。討債人員也是如此，要想討債獲得成功，討債人員必須要有充分的知識準備，必須有合理的知識結構，比如僅僅具有數學知識或邏輯學知識是不夠的。討債人員必須是一個知識面廣、有豐富的經驗和能力的人。兵貴神速，以快取勝，打仗如此，追欠款亦是如

此。打仗貽誤戰機要失敗，追款貽誤時機則同樣會追悔莫及。機不可失，失不再來。對「討債」來說，時間就是金錢，時間也是機遇，時間裡面出效益。

　　討債時，應迅速而深入地摸清實際情況，視野開闊，善於從蛛絲馬跡中查找真實情況；歸納分析決策快，透過表面現象抓住實質，及時拿出對策來。特別是對那些經營狀況不好的虧損戶，「快」字更為重要。

　　動作快，可以及時快捷地追回債務，把損失減少到最小；動作慢，就可能一步跟不上，步步跟不上，造成滿盤不活的被動局面。動作快還可以有效地防止有關當事人規避義務，人為製造種種障礙，還能避免有關企業的倒閉、兼併等複雜情況的出現，從而達到出其不意、攻其不備的效果。

狼性法則 61

商場厚黑，兵不厭詐

作為肉食動物的狼，在這個弱肉強食的大環境下，為了延續自己的生命，，它們必須學會更多的狡詐，否則就會被其它動物吃掉。

這裡有個關於美國石油大王約翰·洛克菲勒的故事。

在 19 世紀初，德國人梅特里兄弟移居美國，定居密沙比，他們無意中發現密沙比是一片含鐵豐富的礦區。於是，他們他們用賺來的錢，秘密大量購進土地，並成立了鐵礦公司。洛克菲勒後來也知道了，但由於晚了一步，只好在一旁垂涎三尺，等待時機。

1837 年，機會終於來了。由於美國發生了經濟危機，市面銀根吃緊，梅特里兄弟陷入了窘境。

一天，　礦上來了一位令人尊敬的本地牧師，梅特里兄弟趕緊把他迎進家中，待做上賓。聊天中，梅特里兄弟的話題不免從國家的經濟危機談到了自己的困境，牧師聽到這裡，連忙接過話題，熱情地說：「你們怎麼不早告訴我呢？我可以助你們一臂之力啊！」走投無路的梅特里兄弟大喜過望，忙問：「你有什麼辦法？」

牧師說：「我的一位朋友是個大財主，看在我的情面上，他肯定會答應借給你們一筆款項。你們需要多少？」

「有 42 萬就行。可是，你真的有把握嗎？」

「放心吧，一切由我來辦。」

梅特里兄弟問：「利息多少？」

梅特里兄弟原本認為肯定是高息，但他們也準備認了。

　　誰知牧師說：「我怎能要你們的利息呢？」

　　「不，利息還是要的，你能幫我們借到錢，我們已經非常感謝了，哪能不付利息呢？」

　　「那好吧，就算底息，比銀行的利率低 2 厘，怎麼樣？」

　　對於這樣的話，兩兄弟一時呆住了。於是，牧師讓他們拿出筆墨，立了一個借據：

　　「今天有梅特里兄弟借到考爾貸款 42 萬元整，利息 3 厘，空口無憑，特立此據為證。」

　　梅特里兄弟又把字據念了一遍，覺得一切無誤，就高高興興地在字據上簽了名。

　　事過半年，牧師再次來到了梅特里兄弟的家裡，對梅特里兄弟說：「我的那個朋友是洛克菲勒，今天早上他來了一封電報，要求馬上索回那筆借款。」

　　梅特里兄弟早就把錢用在了礦上，一時間毫無還債的能力，於是被洛克菲勒無可奈何地送上了法庭。

　　在法庭上，洛克菲勒的律師說：「借據上寫得非常清楚，被告借的是考爾貸款。在這裡我有必要說明一下考爾貸款的性質，考爾貸款是一種貸款人隨時可以索回的貸款，所以它的利息低於一般貸款利息。按照美國的法律，對這種貸款，一旦貸款人要求還款，借款人要麼立即還款，要麼宣布破產，二者必居其一。」

　　於是，梅特里兄弟只好選擇宣布破產，將礦產賣給洛克菲勒，作價 52 萬元。

　　也許有人會說洛克菲勒不守商業道德。但洛克菲勒並不這樣認為，他認為自己的行為完全是合法的，正當的。況且商業經營的最高目的是賺錢，其遊戲規則是不受道德限制的。

　　洛克菲勒的父親威廉曾經說過：「我希望我的兒子們成為精明的人，所以，一有機會我就欺騙他們，我和兒子們做生意，而且每次只要能詐騙和打敗他們，我就絕不留情。」

　　對於做生意來說，不要輕信任何人。哪怕是最親近的人，都可能成為你的敵人，在經商時，應視商場為戰場，視他人為假想敵，心理高度警惕，永不放棄戒備心。這才是精明的經商之道。

狼性法則 62
把握趨勢，關注「上流」

　　狼在自然界中自身條件並不算不突出，與老虎、獅子、犀牛相比，它們顯得非常弱小，但是它們不會因此而小看自己，它們會從那些大動物身上學到很多東西，它們更關注那些大型動物的一舉一動，以便獲得更有用的資訊。

　　要使某種商品流行起來，一般來說，應關注普通老百姓和富人。

　　發源於普通老百姓的東西一般來勢很快速，而且流行面廣，但維持的時間卻很短。而發源於富人的，一般流行趨勢的發展較慢，但持續時間卻很長。一般從富人普及到老百姓至少需要兩年的時間，而在這兩年內一旦把握住流行趨勢，就可以經營成功。

　　普通人都羨慕上流社會，而且跟上流社會的人交往，上流社會中流行的服飾、風格無疑對普通人具有很大影響，使許多人競相模仿，特別是女性。

　　因此，在經商時，可以巧妙利用人們這種「向上看」的心理去操縱流行趨勢。大富豪羅斯柴爾德發跡時，就是利用古錢幣讓其從上流社會中先流行起來，然後再逐漸普及於大眾中間。

　　此外，日本的漢堡大王藤田的發跡史也體現了這種流行觀。藤田先生不僅靠漢堡包大發其財，而且還做鑽石、時裝、高級手提包等女性商品。在經營過程中，他首先把物件放在上流社會中有錢人的流行趨勢上，無論是鑽石的花樣，服飾的色彩，還是手提包的樣

式都是按照有錢人的喜好特製的。結果，他的商品不僅暢銷，而且從未發生過「流血大拍賣」的事。

當然，藤田先生之所以能戰勝競爭對手，還在於他善於從實際出發，靈活多變，絕不跟風購選在歐美最風行的服飾，因為歐美的服飾只適合那些金髮碧眼、身材修長的歐美女性，而日本婦女是黃皮膚、黑頭髮、個子矮小，和那些服飾很難和諧。有錢的人，即使錢再多，也不會拿錢去買不適合自己的東西。所以，那些只知其一不知其二的商人們，雖然片面趕上了有錢人的時髦，但不具體問題具體分析，最終還免不了虧本。

商場瞬息萬變，能夠把握一種流行趨勢實屬不易。因此，每一個生意人在做出任何一項決策前必須仔細研究、分析市場，既要能趕上潮流，還要超前於潮流。因為人們的需求在不斷變化，市場也在不斷變化，今天暢銷的產品，也許明天就無人問津了。

靈活運用「關注上流」的經商技巧，成功就在眼前。

狼性法則 63

適時放棄，敗中求勝

在一處曠野上，一群狼突然向一群馴鹿衝過去，引起馴鹿群的恐慌，導致馴鹿紛紛逃竄。這時狼群中一條兇猛的狼衝到鹿群中，抓破一頭馴鹿的腿。狼群之所以選中這頭馴鹿，也許就是因為它們發現它的某些特點易於攻擊，隨後這頭馴鹿又被放回歸隊了。

此後，狼群在耐心地等待機會，它們定期更換角色，由不同的狼去攻擊那隻受傷的馴鹿，使那頭可憐的馴鹿舊傷未癒又添新傷。最後，當這頭馴鹿已極為虛弱，再也不會對狼群構成嚴重的威脅時，狼群開始全體出擊並最終捕獲受傷的馴鹿。實際上，此時的狼也已經饑腸轆轆，在這種數天之後才能見分曉的煎熬中幾乎餓死。

有人問，為什麼狼群不直接進攻那頭馴鹿呢？因為像馴鹿這類體型較大的動物，如果踢得準，一蹄子就能把比它小得多的狼踢倒在地，非死即傷。要知道，狼群適時放棄眼前的小利，為的是謀求長遠的勝利。

在生意場上，經營不順利的時候，要堅忍，但也不是一味忍下去，究竟應忍耐到什麼程度，應該什麼時候放棄，也是身處逆境，敗中求勝的智慧。

一旦決定在某項事業上投資，一定要制定短期、中期和長期的三套投資計畫。

短期計畫投入後，即使發現實際情況與事前預測有出入，也要毫不動搖，仍積極地按原計劃實施。

經過短期計畫的實施後，即使效果不及預料的好，也應堅持推出第二套計畫，繼續追加投入，設法完成各項策略的實施。

第二套計畫深入進行後，如果仍未達到預測的效果，與計畫不相符，而且又沒有確切的事實和依據證明未來會發生好轉，這時就應毫不猶豫地放棄這項投資。

放棄了已實施兩套計畫的事業是明智的選擇，即使虧掉了不少投入也無所謂。因為生意雖然未盡人意，但沒有為後來留下後患，不會為一堆爛攤子而困擾未來的工作，長痛不如短痛。

在經營活動中，忍耐是必須的。但是，忍耐應該是基於划算和有發展前途的投資基礎之上的，當發現不划算或沒有發展前途時，就應該毅然決然地放棄。

法國人詹姆士原來沾染了惡習，像個花花公子，把父親給他的一筆財產敗光之後，生活難以為繼時才覺醒要努力奮鬥，決心從頭做起。

他從哥哥那裡借錢開了屬於自己的一間小藥廠。他親自在廠內領導生產和銷售工作，從早到晚每天工作 18 個小時。然後把公司賺到的一點錢積蓄下來擴大再生產。幾年後，他的藥廠已經很具規模了，每年有幾十萬美元贏利。

經過市場調查和分析研究後，詹姆士覺得當時藥物市場發展前景不大，又瞭解食品市場前途光明。因為世界上有幾十億人口，每天要消耗大量的各式各樣的食物。

經過深思熟慮後，他毅然讓出了自己的藥廠，再向銀行貸得一些錢，買下「加雲食品公司」控股權。

這家公司是專門製造糖果、餅乾及各種零食的，同時經營煙草，它的規模不大，但經營品種豐富。

　　詹姆士對該公司掌控後，在經營管理和行銷策略上進行了一番改革。他首先將生產產品規格和式樣進行擴展延伸，如把糖果延伸到巧克力、口香糖等多品種；餅乾除了增加品種，細分兒童、成人、老人餅乾外，還向蛋糕、蛋捲等發展。接著，詹姆士在市場領域上大做文章，他除了在法國巴黎經營外，還在其他城市設分店，後來還在歐洲眾多國家開設分店，形成廣闊的連鎖銷售網。

　　隨著業務的增多，資金變得雄厚，詹姆士又相機應變，把英國、荷蘭的一些食品公司收購，使其形成大集團。

　　詹姆士的成功，正是得益於他當初對小藥廠經營前途不佳的理智分析，及時斷念，轉向食品行業。顯而易見，在商業經營中，適時放棄也是一種經商智慧。

狼性法則 64
一次機會，兩頭盈利

　　狼絕對是實用主義哲學的鼻祖，因為狼堅定地奉行「一次機會，兩頭盈利」 這個準則。正是有了這個準則，狼的每一次戰鬥都震撼人心；也正是有了這個準則，堅韌頑強成為了真正的狼性。

　　一次機會兩頭盈利，能不能策劃得完美，就看你的經商智慧了。

　　1844 年，德國人亨利·萊曼從維爾茨堡移居到美國。他在南方做了一段時間的長途販運後，就隨同後移居美國的兩個弟弟伊曼紐爾和邁耶定居在阿拉巴馬，並當上了雜貨商。

　　阿拉巴馬是一個產棉區，農民手裡的棉花很多，但由於缺乏現金，所以農民喜歡用棉花來交換日用雜貨，但很少有雜貨商喜歡這種「物物交換」的經營方式。不過雷曼兄弟除外，他們甚至鼓勵農民用棉花交換雜貨。

　　這似乎與現金交易的經營原則不符，但是雷曼兄弟卻有自己的打算：以棉花交換日用雜貨的買賣方式，不僅有利於吸引手中一時沒有現金的顧客，擴大銷售；而且在以物換物時，由於自己處於主動地位，有利於操縱棉花的交易價格；此外，經營日用雜貨本來需要進貨運輸，現在趁空車進貨之際，順便把棉花捎去，豈不等於賺了一筆運輸費？

　　用雷曼兄弟的話來說，這種經營方式叫做「一筆生意，兩頭贏利」。

到 1887 年，雷曼兄弟已經在紐約的證券交易所裡取得了一個席位，成為一個「果菜類農產品、棉花、油料代辦商」，從此發展的規模不斷擴大，直至成立一家美國著名的銀行。

在商業經營活動中，高明的商人對理性算計特別感興趣，即合理追求效率或者叫做投入產出比。通俗一點的話，即同樣的投入能有多大的回報。

高明的商人在其經營活動中不僅追求一個高產出，而且追求一次或一項投入可以有多次或多項產出。

例如美術商賈尼斯在對待顧客方面，特別注意招徠潛在顧客的買主，特別是那些公關學校或大學中的女孩子。因為這些女孩子即將步入社會，一旦培養出他們對現代美術的興趣，那麼不僅它們會經常光顧，將來她們還會偕同自己的丈夫來購買美術品。

可見，這種「一投多出」的效果會對每一位商人更有利益。

一條狼不會因為看到一頭小野豬就心滿意足了，狼會根據它的足跡尋到這個野豬的窩，並一舉殲滅。

狼性法則 65
採用上策，厚利適銷

　　狼是食肉動物，而且胃口極大，一些小動物是很難填飽它們的肚子的，它們嘿以最大程度利用一切機會適時去捕獵一些大型動物，以獲得長久利益。這得狼族的又一生存法則。在商場中也同樣體現。

　　古往今來，很多人在經商過程中把「薄利多銷」作為商場的金科玉律，但高明的商人認為進行薄利競爭是愚蠢之至，是邁向死亡的大競賽。他們還認為，同行之間開展薄利多銷的惡性競爭無疑是往自己的脖子上絞索。因為「薄利」就體現了賣主對自己商品的不自信，有「以為商品不好，所以才便宜賣」的意味。

　　高明的商人對「薄利多銷」的行銷策略往往這樣嘲弄：「為什麼要『薄利多銷』，為什麼不『厚利多銷』呢？」他們認為，在靈活多變的行銷策略中，為什麼不採取上策而採用下下策？賣 3 件商品所得到的利潤只等於賣出 1 件商品的利潤，上策是經營出售 1 件商品。這樣，既可節省各種經營費用，還可保持市場的穩定性，並很快可以按高價賣出另外兩件商品。而以低價一下賣了 3 件商品，市場飽和後，再想多銷也無人問津了。「薄利多銷」只能是「搬起石頭砸自己的腳」。

　　高明的商人在經營活動中除了堅持厚利適銷做法外，為了避免其他人的「薄利多銷」的衝擊，他們寧願經營昂貴的消費品，不經營低價的商品。

　　「厚利適銷」行銷策略是從有錢人作為著眼點的。名貴的珠寶、鑽石、金飾，一擲千金，只有富裕者才買得起。既然是富裕者，他們付得起，又講究身份，對價格就不會那麼計較。相反，如果商品定價過低，反而會使他們產生懷疑。高明的商人抓住富裕者「價低無好貨」的消費心理，開展厚利策略經營，即使經營非珠寶、非鑽石首飾商品，也是以高價厚利策略行銷，如美國最大的百貨公司之一梅西百貨公司，它出售的的日用百貨品總要比其他一般商店同類商品價高 50%，但它的生意仍比別人要好。

　　高價厚利行銷策略，表面上從富有者著眼，事實上是一種巧妙的生意經。講究身份、崇尚富有的心理在整個社會乃比比皆是。在富貴階層流行的東西，很快就會在中下層社會流行起來。

　　據統計和分析，在富有階層流行的商品，一般在 2 年左右時間就會在中下層社會流行開來。道理很簡單，介於富裕階層與下層社會之間的中等收入者，他們總想進入富裕階層，由於心理的驅使，為了滿足心理的需求或其他原因，總要向富裕者看齊。為此，中等收入者也購買高貴的新商品。而下層社會的人士，往往力不從心，價格昂貴的商品消費不起，但崇尚心理總會驅使一些愛慕富貴的人行動，他們也不惜代價而購買。這樣的連鎖反應，昂貴的商品也會成為社會流行品。

　　可見，「厚利適銷」策略是「醉翁之意不在酒」，同樣是盯著全社會的大市場。

狼性法則 66
故作姿態，聲東擊西

狼群在實現目標時所使用的策略是在不斷在變化的。它們有時會使用「故作姿態，聲東擊西」的戰術來捕殺獵物。

一個由八條狼臨時組成一個獵捕麝香牛群的團體，正驅趕著牛群往高地平台上奔逃。當這群牛到達高地頂端時，它們會被兩隻看起來鐵石心腸且不帶感情的狼，佇立在它們必經之道上阻擋著，這群牛驚慌地四處奔逃，因而失去了群體的保護性。

正當這群牛四處驚慌奔逃之際，六隻狼早已撲向那些虛弱且無法受保護的牛了，一隻狼緊跟在後面，另一隻狼在前頭，其它狼來到空地，搏鬥迅速結束。

這些牛一向過於依賴群體保護，而且沒有充滿技術性的攻擊競爭計畫。和牛群比起來，狼群小得多了，但是狼群有「故作姿態，聲東擊西」 的策略，所以最後贏得勝利。

對於經商而言，誰的智謀高，誰就會在競爭中占上風，欲買而示之以賣，欲賣而示之以買，欲推銷這類產品而示之以推銷其他有關的產品，欲生產某種產品，卻放風說要轉產等等商業策略，只要認真掌握，都可以取得良好的效果。

美國紐約華爾街第一人摩根，出生在康乃狄克州首府哈特福德，這是一個到處都是古典式房屋和教堂，又臨近紐約的美麗的小鎮。摩根從一個無名小輩，發展成為紐約市華爾街第一人，榮登美國經濟霸主寶座，是與他一生中善於把握機會，並及時巧妙利用機

會的能力分不開的。

　　一天，摩根在華爾街的辦公室裡來了一位拜訪者，這人比摩根大二三歲，名叫克查姆。小夥子勇敢機智，很有才華，與摩根談得很投機，兩人都有一種相見恨晚的感覺。「有一筆黃金買賣，想不想幹？」克查姆問摩根，原來克查姆的父親是華爾街的投資經紀人。克查姆從他父親那裡得到了一些好消息，他告訴摩根，他父親從華盛頓方面得到確切消息，最近一段時期，北軍傷亡慘重；同時，政府準備出售 200 萬美元戰爭債券。

　　這個消息對於摩根來說，是相當及時的，也是至關重要的。做交易，必須以可靠的資訊做保障，同時，還要具備冒險的精神，只有這樣，才能從交易中牟取暴利。「只要能賺錢，為什麼不幹？」摩根濃眉下那雙深不可測的藍色大眼睛立刻閃爍出喜悅的光芒。

　　在克查姆的建議下，摩根立即同在倫敦的皮鮑狄先生打了個招呼，透過皮鮑狄公司和摩根共同付款的方式，秘密買下了價值 400 萬 ~500 萬美元的黃金。他將其中一半給皮鮑狄匯往倫敦，另一半自己留下，並故意讓匯款走漏風聲。於是到處都在流傳著皮鮑狄買下黃金的消息，而此時又恰遇查理斯敦港的北軍戰敗，黃金價格猛地暴漲。摩根恰到好處地把手裡的黃金全部拋出，成捆成捆的鈔票頃刻間全部落入他的錢包。

　　摩根靠這種故作姿態、、聲東擊西的策略著著實實地發了一大筆。羽翼漸豐的摩根，充分顯示了他的經商才幹。

　　隨著摩根在交易中的一次次勝利，摩根商行的資本不斷擴大，在華爾街的影響也與日俱增，摩根終於從一個無名小輩成長為華爾街金融界的一顆新星，從而也揭開了他事業新的一頁。

　　從故事中可見，有時候，故作姿態，聲東擊西，可以讓人不明

真相，分散注意力，這樣有利於你自己巧妙地把自己的事做好。

狼性法則 67
「總是初交」，至高商經

狼就像智慧的軍事家，每次在攻擊對手之前，它們絕不會掉以輕心，即使對手只是幾隻瘦弱的羊。狼群的小心謹慎，是其它動物學不會的，它們為了保證自身的安全和狩獵成功，每次捕獵要經過漫長的等待。

在這個漫長的等待過程中，它們既不輕易相信對手所說的，也不會因饑餓而莽撞出擊。它們一定要等到完全掌握了對手的實力，在對手最意想不到的時刻才開始攻擊。

毋庸置疑，在商業活動中，人與人都是以利益維繫的，人的良知和道德往往會被金錢扭曲，一旦輕信別人，就可能傾家蕩產，而且是呼救無門。「每次都是初交」的生意經，初看之下毫不起眼，細細推敲卻令人深思。

有一天，一位日本商人請一位猶太畫家上銀座的飯館吃飯。賓主坐定之後，畫家趁等菜之際，取出紙筆，幫坐在邊上談笑風生的飯館女主人畫速寫。

不一會兒，速寫畫好了。畫家遞給商人看，畫得形神皆具。日本人連聲讚歎道：「太棒了！太棒了！」

聽到商人的奉承，畫家轉過身來，面對著他，又在紙上勾畫起來，還不時地向他伸出左手，豎起大拇指。通常，畫家在估計人的各部位比例時，都用這種簡易畫法。

商人一見畫家的這副架勢，猜想這回是在給他畫速寫了。雖然

因為面對面坐著，看不見他畫得如何，但還是一本正經地擺好了姿勢，讓他畫。

商人一動不動地坐著，眼看著畫家一會在紙上勾畫，一會兒又向他豎起拇指，足足坐了 10 分鐘。

「好了，畫完了。」畫家停下筆來說。

聽到這話，商人鬆了一口氣，迫不及待地轉身過去，一看，不禁大吃一驚。原來畫家畫的根本不是商人，而是畫家自己左右大拇指的速寫。

商人連羞帶惱地說：

「我特意擺姿勢，你……，你卻捉弄人！」

畫家卻笑著對他說：「我聽說你做生意很精明，所以才故意考驗你一下。你也不問別人畫什麼，就以為是在畫自己，還擺好了姿勢。單從這一點來看，你與大商人相比，還差得遠呢。」

此時，日本商人才如夢初醒，明白過來自己錯在什麼地方：看見畫家第一次畫了女主人，第二次又面對著自己，就以為一定是在畫自己了。

正是基於對類似這位日本商人所犯的錯誤，明智的商人哪怕與再熟的人做生意，也決不會因為上次的合作成功，而放鬆對這次生意的各項條件、要求的審視。他們習慣於把每次生意都看做一次獨立的生意，把每次接觸的商務夥伴都看做第一次合作的夥伴。

這樣做，起碼有兩點好處：

第一，不會像日本商人那樣，因為自己對對方的先入為主而掉以輕心，相反，可以有足夠的戒備防止對方可能的一切動作。

第二，可以保證自己第一次辛辛苦苦爭取到的盈利，不致於在第二次為顧念前情而做出的讓步所斷送。生意畢竟是生意，容不得

「溫情脈脈」，否則第一次就沒有必要斤斤計較。

然而，在人的潛意識層面上，「每次都是初交」，往往在漫不經心中被忽略了，先人之見的厲害之處在於人都想不到去糾正它。直到事情結果出來了，大失所望甚至絕望之餘，人們才無不懊悔地察覺自己的疏忽。

但高明的商人，對自己，總是要求做到「每次都是初交」，不為別人策動；但對別人，則毫不遲疑地利用對方對「第二次」的先人之見，來策動別人。

一則笑話中的某個賣傘櫃檯的售貨員，他不用開口，利用顧客的問話，就構築好了「第二次陷阱」。

「先生，您買這把漂亮的傘吧！我保證這是真綢面的。」

「可是，太貴啦！」

「那麼，你就買這把吧。這把傘也很漂亮，可是並不貴，只賣5美元。」

「這把傘也有保證嗎？」

「那當然。」

顧客猶豫了很長時間，又問道：

「保證它是真綢的？」

「不是……」

「那你又保證什麼呢？」

「這個嘛……我保證它是一把傘。」

此則笑話中的顧客差點把「第二個保證」當做「第一個保證」，從而買了一把僅僅保證是「傘」的傘。

「每次都是初交」是人們在漫長的歷史時期中，由活生生的商業活動而得出的高級生意經，而其適用範圍竟然已經到達潛意識層

次。只有對事情十分敏感的人，才會在這種極其細微、極不容易察覺的地方，有如此清晰的認識，並且駕輕就熟、遊刃有餘。這是一條保持內心平衡，不被他人策動的生意經。

狼性法則 68

多留一手，有備無患

　　多留一手也是狼性法則中較為重要的一條。狼知道，如果針對其它大型動物捕獵時，不多留一手，就會吃虧上當。

　　在變化無常的市場競爭中，對於一個企業來說，偶然的因素和意外的情況隨時都有可能出現，因而顯得風險很大，隨時都可導致企業處於危機之中。

　　從理論上講，投資的風險與成功時獲得的利益成正比，但聰明的企業經營者，是不會冒沒有把握的風險的。

　　企業經營活動中，伴隨著一項決策的制訂，風險也就隨之而來，因為無論哪一位決策者也不能擔保自己的決策百分之百會成功。這就要求企業經營者在做出經營決策時，應充分考慮到意外情況，早做準備，多留一手，以應不測，這樣才能面對激烈的競爭做到有備不敗。

　　有一家電線製品廠，專門生產各種型號的民用電線。這是一家私營企業，規模不大，但它生產出來的電線產品品質比起其他企業的還要好，。

　　擁有這樣高品質的產品，照理說說該廠可以喘一口氣了，但該廠廠長卻有卓識遠見，他認為在企業生產經營上只有做到有備無患，才能適應市場的發展。經過艱苦細緻的市場調查，他發現，很多承包商對電線選擇只注重價格，價格愈低的產品銷路就愈好，而他們的產品由於嚴格品質管制，工藝水準較高，成本也較其他電線

要高，所以價格也高。高價格在競爭中沒有優勢，它只能銷給那些工程要求較高的客戶。

面對這種局面，該廠長當機立斷，他又另創出一個品牌，以其弟弟的名義，開設起另一家電線廠，專門生產品質並不高的產品，以較低的成本加入市場的價格競爭，而原有的工廠則繼續生產高品質的電線。這兩個廠照同一個模式統一管理，當客戶需要優質電線時，便提供原有的產品，當客戶需要廉價的電線時，便從新廠提貨。這樣，工廠既能保持原有品牌的信譽，又能在另一戰線上爭奪市場，大大提高了經濟效益。

為了增強自己企業的競爭力，這位廠長又準備走多種經營的路子，生產其他產品，克服單一產品的缺點。

一個企業要想在國際貿易市場中立於不敗之地，必須加強經營備戰，把戰備放在企業管理的應有位置，這樣，方可進而不蹈其險，退而不陷於伏。

狼性法則 69
「瞎子點燈」，引導對方

　　這裡所說的「瞎子點燈」是一種商業哲學，是那種主動使對方瞭解的商業邏輯，是使彼此成為知己的哲學，其精彩之處在於讓對方為自己的利益著想，從而最有力地引導對方。這也是狼經常採用的智慧。

　　一個人自己考慮得再周密，由於沒有同對方考慮到一個點上，也難免會造成某種誤會式的衝突。我們不妨透過下面這則小寓言以知一二。

　　在漆黑的道路上，有個瞎子提著燈籠在緩緩前行，對面的人見他是個瞎子，不解地問道：「你是個瞎子，提個燈籠又能發揮什麼作用呢？」

　　瞎子不慌不忙地回答：「因為我打了燈籠，不瞎的人才能看到我。」

　　對瞎子來說，在漆黑的道路上行走，自己跌倒的可能性遠小於被行人撞倒的可能性。那些習慣於靠眼睛走路的人對黑暗的熟悉度遠不及永遠眼前漆黑的瞎子。於是，瞎子亮起了燈籠，這光亮不是照向路面，而是照向自己，以便讓每個相遇者都可以看清瞎子，及早避讓，從而使瞎子順利地行走。

　　「瞎子點燈」的邏輯讓人們彼此相互瞭解，從而能夠得出雙方共榮共生的結局，這就是它的高妙之處。

　　很久以前一個住在耶路撒冷的猶太人外出旅行，途中病倒在旅

館裡，當他知道自己的病已經沒有希望的時候，便將後事托給了旅館主人，請求他說：

「我快要死了，如果有知道我死後從耶路撒冷趕來的人，就請把我的這些東西轉交給他。但是，不要告訴他們我在哪一家旅館。」

說完，這個人就死了，旅館主人按照猶太人禮儀埋葬了他，同時向鎮上的人發表這個旅人的死訊和遺言，讓大家遵守這個猶太人的遺言，不要將他住的旅館告訴來找他的人。

死者的兒子在耶路撒冷聽到父親的死訊後，立刻趕到父親死亡的那個城鎮。他不知道父親死在哪一家旅館裡，也沒有人願意告訴他，所以，他只好自己尋找。

幸運的是，有個賣柴人挑著一擔木柴經過，他便叫住賣柴人，買下木柴後，吩咐賣柴人直接送他到那家有個耶路撒冷來的旅人死在那裡的旅館去。然後，他便尾隨著賣柴人，來到了那家旅館。

旅館主人對賣柴人說：「我沒有買你木柴啊！」

賣柴人回答說：「不，我身後的那個人買下了這木柴，他要我送到這裡來。」

透過一筆木柴交易，他把回答這個問題作為成交的條件，讓賣柴人為了自己的利益，幫助他解決了問題。

顯然，利益出面比空口說教，有力量得多。只有他人的利益與你的利益緊緊地綁在一起的時候，他人才可以像為自己謀利或避害一樣，為你著想，因為這一著想以及由其產生的努力可以同時帶來其自身厲害的相應變動。

狼性法則 70

後退一步，迂迴得勝

　　狼是攻擊型動物，但是它們也知道，與大型動物一味地好勇鬥狠，最後只能導致兩敗俱傷的結果。如果明智地做出讓步，有時會取得意想不到的效果。當然，這種讓步不是盲目的屈服，更不是軟弱的退卻，它是在分析了可行性的基礎上，做出的理想選擇。

　　美國的鋼鐵大王卡內基，曾經高明運用此法，鬥敗了不可一世的摩根。

　　1898 年，美西戰爭爆發，而與此同時，華爾街的龍頭大哥摩根，也與素有鋼鐵大王之稱的卡內基展開了一場龍爭虎鬥。

　　由於美西戰爭的緣故，使得匹茲堡的鋼鐵需求量高漲，而美西戰爭最後以美國的勝利而告終，使得美國在國際上聲名大振。在這樣的背景下，摩根向卡內基發動鋼鐵大戰的意義就更加重大了。

　　摩根看到了鋼鐵工業前途無量，所以，他早就把目光盯在了鋼鐵生意上，並把安插高級管理人員作為融資條件，送入伊利鋼鐵公司和明尼蘇達鋼鐵公司，從而控制了這兩家鋼鐵公司的實權。

　　但這兩家鋼鐵公司與卡內基的鋼鐵公司相比，只能算是中小企業而已。由於美西之戰導致鋼鐵價格猛烈上漲，摩根對鋼鐵的興趣更加濃厚，便決定向卡內基發動進攻。野心勃勃的摩根，一心想要主宰全美的鋼鐵公司，所以，他一出手就拿卡內基開刀。摩根首先答應了號稱百萬賭徒的茨茨的融資要求，合併了美國中西部的一系列中小型鋼鐵公司，成立了聯邦鋼鐵公司，同時拉攏了國家鋼管公

司和美國鋼網公司。接著，摩根又操縱聯邦鋼鐵公司的關係企業和自己所屬的全部鐵路，同時取消對卡內基的訂貨。

摩根原以為卡內基會立刻做出反應。但事實恰與摩根預料的相反，卡內基出奇地平靜，竟然紋絲不動。作為玩股票起家的卡內基，他比任何人都明白一點，冷靜是最好的對策，特別是在這樣的關鍵時刻，自己面臨的對手能夠在美國呼風喚雨的金融巨頭，如果此時匆忙上陣，那最倒楣的肯定是自己。

摩根很快意識到在這件事上栽了跟頭，他馬上採取第二個步驟，他揚言：美國鋼鐵業必須合併，是否合併貝斯拉赫姆，我還在考慮之中，但合併卡內基公司，那是早晚的事情，摩根向卡內基發出了這樣的挑戰，他還威脅道：如果卡內基拒絕的話我將找貝斯拉赫姆。

別人挑戰並不可怕，但是如果摩根真的與貝斯拉赫姆聯手，卡內基的處境就不妙了，在分析了局勢之後，卡內基終於做出了決定：這種合併真的有趣，參加一下也沒什麼不好。至於條件，我只要合併後新公司的公司債，不要股票。至於新公司的公司債方面，對卡內基鋼鐵資產的時價額以 1 美元比 1.5 美元計算。

1 美元比 1.5 美元，這對摩根來說，條件太苛刻了。但摩根經過考慮，最後還是答應了卡內基的要求。

沒人知道摩根是怎麼考慮的，可能是他此時已經騎虎難下，而更為可能的是，摩根考慮的是壟斷後自己將得到誘人的高額利潤。談判達成了協議，卡內基的鋼鐵歸到了摩根的名下。按照合約，卡內基鋼鐵公司的價額以合併後新組建的聯邦鋼鐵公司的公司債還清。

卡內基看準了摩根的心理，同時也抓住了摩根的弱點。摩根不

是要迫不及待地合併嗎？行，合併就合併，但是我還是要牽著你的鼻子走，這樣，以 1 美元比 1.5 美元的比率兌換了卡內基鋼鐵公司資產的時價額後，卡內基的資產一下子從當時的 2 億多美元上升到 4 億美元，幾乎翻了一倍。

　　卡內基很有自知之明，他清楚自己的份量究竟有多大。他深知自己的鋼鐵業在美國所占的市場，這些市場如果失去了卡內基的支援，勢必會有相當一部分企業因此而受到損失，到那時，卡內基並不愁自己的鋼鐵出路，你不要，自然會有別人要。

　　卡內基的立場看似非常軟弱。當摩根採取第一步行動時，卡內基無動於衷。當摩根採取第二步行動時，卡內基未做任何抵抗就投降了，但是，卡內基看似讓步，實際上卻取得了一次大的飛躍，也可以這樣說，卡內基退了一步，而實際上前進了兩步。摩根雖然爭得了面子，但並未獲得勝利。

狼性法則 71

以靜制動，後發先至

在遼闊的草原上，圍擊、伏擊都是狼經常採用的戰術。而採用這樣的戰術，都要經過漫長而沉默的等待。一旦時機成熟，它們就會以靜制動，後發先至，也正是這樣，狼才能在各種惡劣的自然環境中頑強地生存。

「以靜制動，後發先至」可以被視為一種沉默術。

長時間的沉默會給人造成極大的心理壓力。我們常常可以在影片中看到監獄裡有一個叫作禁閉室的房子，用來懲罰不聽話的犯人。這樣的房間不僅非常狹窄，而且最重要的是那裡既見不到陽光又沒有人和你說話，你就這麼靜靜地呆著，一呆兩個星期或者更長。實際上，正常的人即便是在裡面關上一天都覺得度日如年。因為人性是排斥黑暗和沉默的，沉默使人感到沒有依靠，有的時候甚至可以讓人為之瘋狂，難以保持平靜。

由此，許多諳熟心理術的高明商人才經常會利用「沉默」這張牌來打擊對手，他們可以製造沉默，也有方法打破沉默，利用沉默來達到目的。

有一家印刷廠的老闆在得知某公司欲購買他的一台已經使用過的印刷機時，十分高興。經過一番細心核算，設備底價為 2 萬美元。而且這個老闆還為此準備好了這個價格的種種理由。但在談判時，他卻坐在那兒沉默不語，靜等對方開口。終於，買方老闆按捺不住了，吹牛皮、找毛病。此時，賣方老闆仍然保持沉默。滔滔不絕的

買方老闆終於報出了價格：「我們出價 3.5 萬美元，但一個子兒也不能再加了。」此時，沉默的賣方老闆心中暗喜。於是，這椿買賣很快就談妥了。

這裡的沉默恰恰體現的就是一種力量。賣方老闆的精明之處，就在於打定主意，做好一切充分準備之後，用沉默作為一種談判的手段，以靜制動，終於使這椿買賣順利談妥。

「靜者心多妙，超然思不群」，沉不住氣的人在冷靜的人面前最容易失敗，因為急躁的心情已經佔據了他們的心靈，他們沒有時間來考慮自己的處境和地位，更不會認真地坐下來思索真正的對策，最後讓別人看出自己心裡的弱點。

「以靜制動，後發先至」的策略並不是強調先下手為強，而是在知曉對方真正動向以後，用「後發先至」的還擊方法。這種方法首先要求本人極度鎮靜，聽任對方爭先出售和出價，不可慌忙，必須等他出價後，方可還手。要在對方不及轉變或者陷入劣勢的時候，給以迅速的打擊。太極拳譜中所說：」彼不動，己不動；彼微動，己先動「，就是指「以靜制動，後發先制」而言。

這一做法的作用主要表現在下面兩個方面：一是待機而動，容易擊中對方；一是萬一一擊不中時，由於對方已經處於被動地位，也不致受到對方的還擊。

因此，這也可以說是一種變相的沉默術，如果應用得法，定能立於不敗之地。

狼性法則 72

知己知彼，百戰不殆

在襲擊那些比自己強大的動物時，狼群一般都要跟蹤觀察好幾天，等到這些動物們吃了足夠多的食物時，它們才開始襲擊，因為這時候這些動物根本跑不快，抵抗能力也下降了許多。

狼群一般採取驅趕的策略，一旦狼群出現，這些動物立刻四散奔逃，這時狼群就會各自追趕已經盯上的目標，這些目標都是它們在觀察時確定的。目標都是對手當中的老弱病殘或者有某種比較明顯的缺陷，這樣狼群就可以避免那些強大的對手帶來危險。這些也是源於它們知己知彼，小心謹慎的作戰風格。

經營生意，不但要讓自己瞭解對方，也要讓對方瞭解自己的意圖，這樣，做起生意來就可以減少許多猜忌和不信任，有利於交易的效率。

商場上，只有洞悉對方的真實意圖，體察到對方的強勢弱勢，才能真正掌握主動權；同樣，只有真正瞭解自己的情況，對自己的優勢和劣勢瞭若指掌，才可能揚長避短，發揮己方的最佳優勢或狀態。

以利益為中心的商業活動中，經商實質上是一系列的博弈過程。在絕大多數情況下，只有雙方都彼此瞭解對方，且都清楚可能出現的結果，這樣的博弈才可能是穩定均衡的，也可實現雙方利益的最大化或虧損的最小化。

相反，如果在商場上處處爾虞我詐，根本不讓對方知道自己的

意圖，或者對方也不清楚自己的意圖，信奉「騙子」哲學，那麼只能做一次買賣了。因為前一次博弈成了後一次博弈的歷史背景，博弈方會以此作為後繼博弈的前提條件，也就是說，任何一方都會根據前次博弈來判斷對方的真實意圖和誠信程度。

高明的商人特別善於做長線生意，他們希望與對方做長久的生意夥伴，因此認真地對待對方，盡量讓對方知道自己的意圖和誠意。這樣，取得了對方的信任，才能長久與對方做生意，才能有穩定的收益，且可以節省重新尋找生意夥伴可能支付的成本。

有兩個小偷在接受審訊。如果兩人都不承認自己偷了東西，那麼他們就可以無罪釋放；如果兩個都承認的話，則可以輕判；如果一個承認，而另一個拒不承認，則撒謊不承認的那一個將重判，而說真話承認的那個將輕判。但是，由於審訊是單獨進行的，彼此不知道對方會怎樣，兩個小偷均不敢輕易撒謊，因為若對方承認，自己撒謊就慘了；而如果自己承認的話，不管對方如何，自己只會被輕判。所以，他們都選擇承認。

懂得並善於運用知己知彼的經營哲學，可以使人在波詭雲譎的商業大潮中無往不勝，百戰不殆。

第 5 章　職場發展，譜通規則

篇首語：
弱肉強食，自然鐵律。
叢林生存，謹慎從之。
要知道進攻，也要懂得退卻，
既能孤軍奮戰，也善於群體攻防。
深諳叢林的遊戲規則，
不飛則已，一飛沖天。
此為狼行天下也！

狼性法則 73
倚靠實力，而非派系

　　在狼群中有這樣一些狼，它們在殘酷的環境下經過冒險，並證明自己的真實生存能力之後，就會離開狼群變成「孤獨之狼」。這些狼最後開始尋找伴侶，開始經營它們自己的族群，因為這時它們相信自己已經具有一定的實力了。

　　在職場中，派系可以庇護你的利益，但當派系失勢之後，你的利益也將因此而消失。

　　當你進到一個小新的工作環境，你要搞清楚這個地方有無派系存在，組成分子如何，誰是派系的頭頭，與不同派系之間又有什麼樣的鬥爭，目前哪個派系占上風等等。可能會有人告訴你這些訊息，但也有可能不會有人告訴你，因此自己觀察很重要。面對這些派系，如果你不想涉入，最好不要涉入，否則一有派系色彩，被「點名做記號」，不成功就會成仁。尤其你如果初入社會，才幹、閱歷都還不夠，涉入派系糾紛時，很容易成為馬前卒，做犧牲品。所以，你應該像狼那樣謹慎地做事吧，這才是最好的職場生存之道。

　　派系猶如圍籬，把自己圍在裡面，但也把別人趕到外面去。如果你初入社會，還有待累積各種資源，那麼派系會對你的努力產生副作用，因為你和派系外的人呈隔絕的狀態，你不但接觸不到比你優秀的人，也會和派系之外的人形成敵對，成為你人際關係上的負擔。

　　有些派系是相同價值、相同利益的人自然形成的，但有時卻是

老闆（或上司）刻意造成的，拉右打左，拉左打右，並互相監視、鬥爭，這是為了領導駕馭上的方便，當然，最主要的還是為了老闆個人的利益。因此面對派系，你要有這個認識，千萬別造成老闆享盡好處，而你卻與別人交惡。

其實，很多人為了自己的升遷，很早便投入派系。借別人之力來求發展無可厚非，但這有一個很大的缺點：人很容易因為有人「提拔」而疏於自我充實，當提拔的力量一消失，自己便無所依附，甚至成為派系報復的對象，而長期受庇護的結果，自己也會失去獨立自主的勇氣和能力，這是這種人最大的悲哀。因此說，實力最重要！

如果你要加入派系，或已經在派系之中，你不可有靠派系成功的想法，你仍然要不斷充實、累積你的實力。如此，不但有助於提升你在派系裡的地位，當派系失勢時，你也不致因此而受傷害。

與其加入派系，在人際紛爭上傷腦筋，不如在暴風圈外充實、累積自己的實力，這樣任何派系都不會看輕你，你也不會沒有安全感，而派系的沉浮消長，都與你無干。「鷸蚌相爭，漁翁得利」，有時候派系相爭的結果，往往是沒有派系的第三者得利，這種事絕對不是天方夜譚，而是有事實根據的。

總之，在職場生存、發展要靠實力，不要靠派系，派系不是永遠的，只有實力才是你一生中最好的倚靠。

狼性法則 74

上下分明，勿媚老闆

　　狼不會為了嗟來之食而不顧尊嚴地向人搖頭晃尾，因為狼知道，雖不能有傲氣，但決不可無骨氣，狼有時也會獨自高唱自由之歌。

　　在職場中，過分地在言語或者態度上獻媚、討好老闆是不明智的，常常會惹來許多煩惱。

　　老闆認為支付酬金給下屬，就算不要求下屬鞠躬盡瘁，也會盡量讓下屬的酬金物有升值。而且，老闆要求的服務品質永遠都不會有底線，多多益善。

　　如果下屬只會向老闆點頭，而不管是否合理，一律惟命是從，老闆就會被慣壞，變得貪得無厭。

　　那些主動變成老好人的下屬，往往會吃一些虧，老闆會情不自禁地去占他們便宜的。

　　事實上，並不是僅僅下屬討好老闆，在某些行業，因為失業率極低，只有工作找人，人不會找工作，因此，老闆在某種程度上怕下屬。對於一些不管怎樣對待，都會忠心耿耿的下屬，老闆在欣賞之餘自然少了戒心，會疏忽了對下屬的照顧。

　　與老闆相處，最重要的就是不能被老闆瞧不起。

　　（1）不當老闆的情人

　　這並不是否定老闆和下屬之間戀情存在的合理性──若雙方真的有此意並且合法的話。

可是，多數情況下，若情人關係是發生在至少一方有了合法婚姻的情況下，就等於是玩火自焚。這時，你和老闆建立了情人關係，最後等著你的往往是你在這家公司就職的終結。

（2）不做老闆的好朋友

若你的老闆對待下屬採取民主的方式，他喜歡聆聽下屬的意見，願意和下屬溝通；若老闆的性格溫和，對人充滿了溫情；若老闆很器重你，常常帶你出席社交場合，那麼，你決對不能得寸進尺，保持一定的距離對你是有利的。

可能你發現你正在或者將要成為老闆的好朋友時，對此，你要把握好尺度。若你當著別人的面和老闆稱兄道弟，這種行為是非常危險的。

不過，你若能和老闆成為朋友，這說明你已經能接近你的老闆了。但是，這種朋友關係的最佳狀態，就是工作上的朋友。老闆任用你並不是為了交朋友，而是叫你替他出力。

（3）不做老闆的保姆

對於過於注重和老闆的私人關係的情況，最嚴重的一種，是在事實上變成了老闆的保姆或傭人。善於鑽營的人想得到升職，他採取的方法是討好老闆。怎麼討好老闆呢？他總是要無限制地去為老闆的生活服務。

例如，經常為老闆端茶倒水、替老闆清理辦公桌等。老闆往往對這種人表示好感。常常在外出的時候帶上他——他能夠提供像傭人一樣的服務，這為老闆帶來很多方便。

在更多的時候，他就像一個跟班，他等待著某一天老闆對他說：「你是一個好人，你想不想做一個管理者？」

但是，這一天一直沒有到來。在老闆心裡，他的形象就是保姆、

傭人，這種人只配做傭人。若你想用這種辦法打動老闆的心，那你是打錯主意了。

（5）不卑不亢

每個老闆喜歡下屬對他尊重，事實上，尊重老闆的方式因人而異，其中自然會有一些老闆喜歡聽一些甜言蜜語，有的老闆喜歡惟命是從的下屬。

然而，不卑不亢是最能折服老闆的。本來當下屬的應該遷就老闆是沒有什麼不對的。說得更明白一些，老闆都是聰明人，過分地受到吹捧的時候會產生反感。

一旦助長了老闆的傲氣，往往是不能收拾的。人和人之間的和睦相處，要建立在彼此尊重之上，尊重的比例有輕重之分，例如夥計尊重老闆多一些，是合情合理的，但是不能一面倒。

若慣壞了老闆，就會被老闆瞧不起。有了這種心理，就難以成為老闆的心腹。更不能忘了，人情是淡薄的，對穩握在手的人和事，往往不會太珍惜的。

老闆最怕下屬想圖謀好處，聽到下屬如此違心的話，往往會產生疑慮，覺得你有不軌的企圖，想把一些利益爭到手，這阻礙了上下級的正常關係的發展。

狼性法則 75
發揮「正義」，講究策略

狼是非常小心謹慎的動物，無論是在捕獵，還是在與其它大動物的交往中。它們能夠講究策略，對付周圍的各種複雜環境。

俗話說：言者無心，聽者有益。因此一言一語都應該小心。多年建立的關係，可以因一句「失言」而毀掉。發揮「正義」要講求方法，以免成為犧牲品。

周小姐的第一個工作是出版社的助理編輯，她文筆不錯，學習意願高，因此才進出版社 3 個月，與出版有關的事情已摸得一清二楚。

有一次，老闆召集大家開會，輪到周小姐報告時，她提出印刷品質不好及成本太高的問題，並說假如能降低 5% 的成本，每個月就能省下二三十萬，說到激動處，還說那家印刷廠「吃人不吐骨頭」。

老闆對她的報告沒發表任何意見，但從這一天開始，周小姐開始感受到負責印刷的同事對她的不友善。

第 4 個月，周小姐離開了這家出版社。

年輕人最容易犯周小姐的錯誤，因為年輕人純真、熱情、有「正義感」，尤其第一個工作，更是「力求表現」。

那麼，周小姐到底犯了什麼錯誤？請看以下的分析：

周小姐應該只是助理編輯，每本書的發印另有其人。負責編輯的人理應有權對書的印刷品表示意見，因為品質不佳，影響銷路，

編輯部門也難逃被檢討的命運。但周小姐只是一名新進的「助理編輯」，年紀輕、職位低、資歷淺，在公開的會議上檢討、批評別的部門所負責的工作，本就要冒一些風險。

任何人都不喜歡被批評檢討，尤其是在公共場合，因為一則有傷自尊，一則任何批評檢討都會引起旁人的聯想與斷章取義的誤解，總之，是帶有傷害性的一件事。

眾所周知，任何單位都會有「油水部門」，以出版社來說，印務部門就是「油水部門」，不管承辦此項業務的人有沒有拿到油水，被批評「品質不好、成本太高」，就等於被人指桑罵槐，暗示「放水、拿回扣」，此事攸關面子及操守，承辦人員的心情也就可想而知了。

有些老闆會對周小姐的這種做法抱著沉默態度，不處理，也不勸戒當事人「少開口」，目的是利用雙方的矛盾，讓他們互相「制衡」，並從中獲取情報及員工的隱私。周小姐未明此點，而老闆也沒有因為她的忠誠而刻意地保護她。結果她被「犧牲」了。

事實上，周小姐的正直與勇氣相當值得佩服及肯定，但這種人卻常常成為人際鬥爭下的犧牲品，不是自己辭職，就是被孤立。說起來很悲哀，但人的世界就是這樣，所以正直的人常有「天地之大，無容我之處」的慨歎。

因此，老於世故的人總是非常小心，不輕易在言語上得罪人，尤其是「無心之言」，因為「有心之言」是「謀定而後動」，為什麼而說，如何說以及對方會有什麼反應，自己都很清楚；「無心之言」則完全相反，因此常得罪了別人自己還不知道。

狼性法則 76

善用虛榮，不敗之師

　　狼在捕獲獵物的時候，就會體驗到一種勝利的幸福感，同時它們也體會到了伴隨勝利而來的愛和負疚，它們為此相互珍惜，用它們撕破長夜的嚎聲震撼生命。

　　人生在世，除了對物質有所需求之外，對精神上的需求也是很大的。而且隨著人類物質生產水準的提高，對精神享受的要求就越來越高。人需要在精神上獲得享受，需要別人的認可、尊重、欽佩、膜拜等，為了這種享受，他甘願付出許多，乃至生命。

　　或者說，人自出世以來所做的事情，歸根結底是都是為了尋求一種享受——勝利的快感。

　　拿破崙為了激起麾下鬥志，決定鼓舞中高級軍官士氣，他想出了一個辦法，陸續頒發了 1500 個十字勳章給他手下的軍官，並讚譽手下 18 位將領為「法國軍人之魂」，還稱自己的部隊是「不敗之師」。

　　手下軍官將士們得到他的封賞，都很忠誠於他，很賣力地為他做事，軍隊戰鬥力節節攀升。不久，拿破崙率軍遠征，大敗歐洲各國軍隊，勢如破竹，不可一世。

　　對此，有人批評拿破崙的作法是在「用虛榮欺騙手下」。拿破崙聽了不但不生氣，反而理直氣壯地說：「支配人類的最大力量，除了虛榮，尚有何物？」

　　身在職場，在處理人際關係上，就要懂得在一定的原則下，

盡可能多地製造對方的精神享受，越能給對方帶來喜悅、成熟感的人，就越能在場面上吃得開。這是一種相當廉價的人際關係處理手段。

虛榮亦是其中一種。雖然是「虛」的，但畢竟是一種「榮」。從來沒人能逃得過榮譽的魅力，即使是「虛榮」。每個人都可反思一下自己，都會發現自己曾為虛榮而作過努力——這就是說，善用虛榮手段，是有效果的。

行使虛榮之道，不同於騙人，並不承受道德意義上的責任，相反，善用虛榮，有利促進人際關係融洽，有利集團內部成員的團結，值得提倡。

狼性法則 77
鋒芒畢露，如鯁在喉

狼在捕捉目標時，會適時把握戰機，果斷出擊，不輕信，也不過分表現。這就是它們成功的秘訣。

過分表現才華容易導致失敗。特別是做大事業的人，鋒芒畢露阻礙事業的成功，而且容易失去升職的機會。

在生活中存在著一種自視很高的人，他們處世往往不留餘地，咄咄逼人，具有充沛的精力和熱情。

可是，這種人多半在人生的旅途上屢遭波折。

一名到某礦務局工作的大學畢業生，他從下車的那一刻起，就對礦務局這也看不慣，那也看不慣，不足一個月，他就呈上了幾十頁的意見書給老闆，上至老闆的工作方法，下至職工的福利，都列出了問題和弊端，提出了詳細的改進意見。

結果，他被老闆視為神經病，不但沒有採納他的意見，而且借別的理由把他退回學校。兩年之內，他接連換了 4 個單位，而且他的牢騷更多了，意見更大了。

這個人在為人處世方面少了一根弦，結果不但阻礙了才能的發揮，而且招來了各種誹謗和打擊。

個性不需要壓抑，但要用穩妥的方式，不要鋒芒畢露，而且不要讓私生活中的陷阱阻礙你的升職。

你與老闆相處，要掌握好分寸。可能老闆的一些方面不如你，但是你也要注意，言談不能咄咄逼人，不能冷嘲熱諷，更不能使老

闆當眾出醜，如鯁在喉。

在同事們中的出類拔萃者，往往有恃無恐，容易犯這種毛病，而且有一些目無尊長的人，他們更容易犯這種毛病。

但是，假如你恃才傲物，當你的行為傷害了老闆時，那你的處境就慘了。

示忠布信，利益所在

　　狼是對它們的家庭、群體最忠誠的動物，這種忠誠超過了任何一種哺乳動物。在狼群集體捕獵時，如果有同伴犧牲，它們就不會離去，到了深夜，狼群會圍繞在同伴的屍體周圍哀嚎。那種狼嚎的聲音聽起來非常淒涼，我們能從中聽出狼群對同伴的思念和愛。

　　無論在世界上哪個公司，忠誠都被視為一種美德。因為，人都希望別人對自己講感情，無條件地對自己好，無論是出自責任也好，出自友誼也好，只要是忠誠信義，就值得珍惜。

　　人與人之間的忠誠信義，可以造就一種東西：利益集團。很多事情都是由許多人團體協助完成的，一個人的力量是微薄的，利益集團內部的人與人之間，忠誠信義就顯得十分重要。

　　某公司要選派一名經理去分公司做首席代表。在小王和小張這兩個熱門人選中，大家更看好小張，除了小張的風度、專業水準超出小王很多外，他還是屬於集團總裁提拔的人。

　　反觀小王，雖說是上任退休總裁的愛將，而退休總裁在公司集團裡仍有若干影響力，且與現任總裁關係不錯，但退休的總裁，不管怎麼說總是退休了，所以大家認為分公司經理的人選，必定是小張。

　　不過，就在決定人選即將公布的前一天週末，集團總裁去看望退休的老長官，赫然發現小王正陪著老長官爬山回來。這位集團現任總裁在向老長官請教之際，注意到老長官一句感歎話：

「唉!當初拉小王一把還是對的,這個年輕人講情分、重義氣,想當初受我提拔升官的人不知有多少,但現在只有小王記得我,老是給我帶這個、帶那個禮物的,週末有空還陪我爬爬山。」

這句話言者無意,但在這位現任總裁心裡,就有一番另外的感受了。原來派到分公司當首席代表經理,其實對忠誠度的要求遠比能力重要。雖說小張的確是個人才,而且才氣恐怕不在自己之下,難保有一天不會取代自己的位置。再說,自己有一天也會退休,他想公認聰明的小張,絕對不會像小王對待老長官那樣對待自己,因此,倒不如提拔懂得感恩圖報的人。

第二天,分公司經理人選公布了,結果竟然是不被看好的小王。面對這個意外,小王微笑的臉上卻透露出一絲篤定。原來「秀」在勝敗一線間,現任總裁在做抉擇時的心裡掙扎,早就在小王預料之中了。

為什麼別人要對你特別好?你為什麼會對他特別好?說穿了,就是一個利益集團的問題。

在同事之間、下屬與上司之間、員工與老闆之間各有不同的人際關係處理方法,但總的方向都是一樣的,那就是:展示彼此之間作為利益共同體的存在。

忠誠信義是精神範疇,利益是物質範疇,兩者似乎相距很遠,但實則是一致的,都是利益。沒有利益,只怕人類也不會造出「朋友」這個詞語來了。

上文故事中有一句話說:「原來派到分公司當首席代表,其實對忠誠度的要求遠比能力重要。」為什麼需要人才的忠誠度要求遠比能力重要呢?因為忠誠的人,是此利益集團中的成員。否則此人若游離於這個利益集團之外,能力越強,對這個利益集團的損害就

越大。

　　每個人都要選擇一個利益集團，與集團中的其他成員組成利益共同體。一旦加入這個利益集團，就該一心一意為這個利益集團服務。當集團以外的人物與集團發生利益衝突時，該當維護集團的利益。

　　相信，任何一個明智的老闆，即便知道小王對這「臨門一秀」策劃已久，也依舊會選用他。因為，任何一個明智的老闆都不願意培養一個利益集團之外的人。

　　事業奮鬥的一個方向，就是懂得忠誠，懂得鞏固利益集團，懂得找對利益集團。

狼性法則 79
欲速不達，緩而制勝

在草原上，羊群是狼最喜歡的攻擊獵物，但是在人的保護下，狼攻擊羊群變得異常困難。因此，它們在圍捕羊群時，它們會常常忍受著饑餓，但是狼在此時是絕不會喪失理性的。它們知道欲速不達的道理。

它們遵循嚴格的作戰紀律，不會因為一時的衝動而破壞全盤計畫。有時會有一隻羊，脫離羊群到距離很遠的地方吃草，而饑餓的狼群的確可以一擊致命，以暫時緩解饑餓。但它絕不會這樣做，因為一旦被羊群發現，狼群的圍獵行動就會以失敗告終。

在工作中，很多人和事不像看起來那麼簡單，所以有人催你快決斷時，你應該辨清事實才行，否則，「欲速則不達」。

（1）把握時機

商紂王是歷史上有名的殘暴昏君。他肆意殺害宗室大臣，毒刑整人。他以殘害百姓為樂。大臣多次勸諫，紂王竟不知悔悟，反而惱羞成怒，把這些大臣趕出國都朝歌。

周武王派人到商，察看國情，瞭解情況。不久，被派去的人捎信說：「商朝現在奸人當道，群臣離心離德。」 武王認為伐商的時機還未到。

後來，武王又接到報告說：「商朝的百姓只是內心憤怒，閉口不說話，卻咬牙切齒。」 武王還是按兵不動。

最後，被派去的人又捎信說：「商朝國勢危殆，民心動亂，

一場大的暴動正在醞釀著。」

　　武王覺得時機成熟，於是聯合八方諸侯國，向商朝發起總攻擊。紂王自以為自己兵多士眾，派出 17 萬大軍迎戰。可是他萬萬沒想到兩軍相遇後，奴隸兵士們突然陣前暴動，倒戈反擊，引領周軍殺入朝歌。紂王逃奔鹿台自焚。

　　可見，凡是善於把握機遇的人都是善於等待的，機遇沒有來臨的時候，他靜若處子；一旦機遇來臨，他則動似脫兔。等待看起來好像是消極的，事實上屬於慎重的行事方式。

　　（2）把握輕與重

　　有一位老教授在桌子上放上一個盛水的罐子，接著又從桌子下邊拿出一些正好能夠從罐口放到罐子裡的「鵝卵石」。當教授把鵝卵石放完之後，問學生們：「這罐子裡是不是滿的？」

　　「是！」學生們不約而同地回答說。

　　「是真的嗎？」教授笑著問。接著，他從桌子底下拿出一袋碎石子，把碎石子從罐口倒了下去，搖了一搖，又加上了一些，接著問學生：「這個罐子現在是不是滿的？」

　　這次，學生的回答慢了許多。

　　後來，有一個學生小聲說：「可能沒滿。」

　　「很好！」教授說完以後，從桌子下麵又拿出一袋沙子，徐徐倒進罐子裡。倒完以後，又問學生們，「現在你們告訴我，這個罐子是滿的嗎？」

　　「沒有滿！」學生們這次學乖了，信心百倍地說。

　　「太好了！」教授稱讚這些「精明」的學生。稱讚完了以後，教授又拿出一大瓶水，把水道在罐子裡。

　　當這些事都做完了以後，教授故意停頓了一下，用眼睛向學生

們掃了一遍說：「我想告訴大家最重要的資訊就是，若你不先把大的鵝卵石放到罐子裡面，你可能日後永遠沒有機會再把它們放進去了。」

人們每天都很忙，每天人們想做的事情都很重要，每天人們都會不斷地朝罐子裡灌進小碎石或者沙子，你有沒有想過，什麼才是你罐子裡最重要的「鵝卵石」？

人們都懂得用小碎石去填滿罐子，可是很少人知道要先把「鵝卵石」放到罐子裡的重要性，也就是要分清輕重緩急，把重要的事情先做完。

工作做得太少，會被老闆視為太懶；做得太多，又太累了。你要盡可能在工作的時間裡把事情做完，把工作帶回家會影響家人的心情。就算是因為緊急情況而被迫這樣做，也應該進行合理的安排。

有的人在家裡辦公，對他們來講，把時間進行合理的劃分十分重要。

例如，規定出工作的時間，在工作時間內全力以赴，不拖拖拉拉，不然的話，非常容易造成一整天都在工作的感覺，使得自己心煩意亂。

若你把工作帶回家，在正式工作以前，最好先放鬆一下，這像短跑衝刺以前的準備活動一樣。接著規定出工作的時間段，在工作的時候，要全力以赴。先找出問題的難點，接著認真考慮問題的每一方面，不斷地變換思考的角度，規定的時間一到就立刻停止，徹底地放鬆一下。不管問題是否解決了，都應該把它拋到一邊，不叫它停留在大腦中。

嚴格地區分工作與休息的時間，是十分重要的原則，透過這條

原則，你不僅能夠養成高效率工作的好習慣，而且能夠長期堅持下去。

狼性法則 80
化解矛盾，讓人佩服

對於狼群來說，交流溝通就是它們化解糾紛，並得以生存的保障。狼群有著嚴格的社會組織和等級制度，它們是世界上最團結的動物，所有這些都要求它們有完善的溝通系統。這也是狼群生存的優勢。

領導者與被領導者在日常的工作中，偶爾會為某件事發生摩擦，甚至爭得面紅耳赤。但通常事情過後，大多能夠握手言和。

美國迪卡爾財政公司經理狄克遜，在管理方法上曾提出「有摩擦才有發展」的觀點。一次，狄克遜無意中說了一句話，戳痛了雙方，雙方在理智失去控制的情況下，激烈爭辯，把長期鬱積在內心的話傾吐了出來。然而，這次爭吵卻使雙方真正交換了思想，反倒覺得雙方的距離縮短了。此後雙方坦率相處，關係有了新的發展。

在領導者與被領導者之間的關係中，時常出現「敬而遠之」的現象，這種現象使彼此的思想無法進一步溝通，因為越是「敬而遠之」，就越無法增加交換意見的機會和可能。這樣，偏見和誤解就會逐步加深。倘若能在合適的時機，透過一兩次摩擦和衝突，倒可能使多年的問題得到解決。作為領導者應該敢於面對衝突，而不能一味遷就。

領導者應該透過衝突進一步改善人際關係，使全體員工襟懷坦白、精誠合作。領導者如果沒有面對衝突的勇氣，沒有解決衝突的能力，就難以改變惡化的人際關係，從而也就難以領導部門的工

作。

　　正確對待組織內部的人與人、人與組織的關係，是企業內部公共關係的重點之一。因此，每個領導者都應從大局著想，認真對待這個問題，要善於處理面對面的衝突。

　　做一名管理者，需要很多技巧和藝術，尤其是在處理員工與你的關係時，更應當設法讓他們佩服你，認真地完成自己的工作。

　　一般來說，矛盾衝突產生的原因主要是你們對工作有不同的期望和標準。你希望工作儘快完成，而他們卻認為不可能；你對他們的表現很失望，他們也因沒有順利完成工作而很灰心；員工希望得到更好的工作條件，你卻不能滿足；還有的員工態度粗魯或者總是不恰當的時機奉承……

　　這些情況都會對你們的工作造成不好的影響，影響你在員工中的威信。因此，要樹立在員工中的威信就必須學會化解與員工之間的衝突，讓他們佩服你。

　　在你設法化解與員工的矛盾時，你可以問以下幾個問題：

　　「我和員工的衝突到底是什麼？」

　　「為什麼會產生這種衝突？」

　　「為解決這個衝突，我要克服哪些障礙？」

　　「有什麼方法可以解決這這一衝突？」

　　當你找到了解決衝突的方法時，還要檢測這是否是有效的方法。

　　另外，你還應當預見照這種方法去做時會出現什麼結果，以做到心中有數，不至於到時候不知所措。當然，如果你感到問題很複雜時，可以找個專家諮詢一下，或找個朋友談一談情況，請他們為你出主意。

假如你的一名下屬鬧情緒，工作不積極，而你認為這是一個需要解決的問題，那麼，透過問上面提到的那些問題，你會發現，衝突在於你們對某個問題存在認識上的差異，例如他向你抱怨工作時間裡噪音太大，而你卻不加注意，也沒請人進行改進，他認為老闆應當重視噪音，而你卻不願意採取措施。需要克服的障礙是他對你不信任和確實存在的噪音。解決問題的辦法是與他談話時注意技巧，共同設法解決。結果可能是他改變了對你的態度，噪音問題也得到了解決；也可能是他仍舊不合作，你不得不辭退他或為他調整工作。

作為一位管理者，既要學習管理技巧，也要注意培養自己的領導素質，增強自身的人格魅力，讓員工自願與你積極合作，共謀大事。那些稍有欠缺的領導者更應當注意自身的素質，避免可能出現的與員工糾紛，達到最佳的合作狀態。

狼性法則 81

先擠上車，然後補票

　　狼總是對自己周圍的世界充滿了好奇，它們豎起靈敏的耳朵，傾聽自然界的每一種聲音，它們炯炯有神的眼睛總透著躍躍欲試的鋒芒。它們對世界的好奇為它們帶來了機遇與挑戰。

　　對於機會，要敢於去嘗試，如果你不曾讓自己的身體受苦，如果你的環境從來沒讓你覺得有多拿文憑的必要，那麼你當然就不會有好運氣和讓人羨慕的好文憑。

　　對不穩定有恐懼感，這不難理解，在我們這樣的社會氛圍，一切關係的解散、跳槽、離婚、毀約，在很多人眼中還是一件需要「節哀順便的事情」。可是時代的變遷已經給「穩定」打上了一個可疑的印記。如果你開始了工作環境中光是發呆的年紀，那你就要小心生銹了。

　　「打工女皇」吳士宏曾經這麼說：「我總是千方百計擠上車，然後補票。」她的意思是先要抓住機會，然後讓這個機會逼著自己成長。就個「逃票模範」，你瞧瞧人家走了多遠了。

　　改變後的新環境、新關係、新的工作方式，對自己的成長都是很好的刺激。有人說，工作是第二次投胎，那麼每一次改變，都是新生。穩定當然沒有錯，而且它會隨著歲月的增加而變得更加重要。

　　但這並不是說你只能守株待兔，而是要抓住機遇，及早找到更適合你的位置。在風雲變幻的市場中，勞動者的配置如流動的活

水，在自我追求和客觀需求的情形下，變更職業是絕對的，不變則是相對的。體制帶給你這樣的契機，你不必再擔心被困在某一角落而終生不得遷徙，勞動力的所有權屬於自身，你可以以最佳的方式出售。

「職場遵循‘哪兒有食抓哪裡’的規則，只是我的食物並不是錢，是機會。」文森吐了一口煙圈，意味深長地說。和很多白領人士一樣，他也是「吃著碗裡看著碗外」，他笑著告訴記者，自己 9 年換了 7 次工作——3 次被炒，4 次炒公司。

一種無形的壓力直逼白領的時候，退縮和迎擊都不是最好的選擇，尤其是在「新冠肺炎」時期，生命的考驗突如其來；於是，穿越通向成功的小路時，可以用心觸摸到一種深長的憂慮——

「如果能讓自己寧靜一些，我寧願退回我的家鄉一個鄉下地方。」在高級辦公室寬闊的辦公室裡，文森輕吐著煙圈，眺望窗外細雨如絲、迷霧籠罩的河畔，「這些年，我一直在走，在飄，真有一點倦了！」

文森說自己這 35 年可以用兩個字概括——漂泊。

就業形勢日益嚴峻，在職場拼殺的白領們不敢有一絲的懈怠，惟恐「砸」了手中的飯碗。已被劃入「老員工」行列的三四十歲的白領們，眼見著學弟學妹們頂著碩士、博士學位，意氣風發地加入到自己的行列中，不自覺就會心跳加速、血壓升高。

「工作是時間和機會的聯姻，我常常在心裡求索著更能發揮自己潛能的機會，到更受器重的地方去。」雖然離輝煌的顛峰還很遙遠，而失業、亞健康也總是形影不離。但文森說：「我覺得穩定有時會磨損人的鬥志，我喜歡挑戰性的生活，在挑戰和忙碌中享受成功和高薪的樂趣。」

　　文森走了，離開了工作穩定的單位，這引來了諸多揣測，某天，朋友在路上碰見他，便問：「工作好好的，為什麼頭也不回的走了？」他說：「其實也沒什麼特別的原因，只是想換一條路走走。」

　　我們的日子有太多的束縛。從小，我們就接受專心致志和堅忍不拔的教育，一旦選擇了某個方向，會下定決心一條老路走下去，從無異議。有這種品質是好事，但如果做出的是無謂的犧牲，那還值得嗎？

　　青春是寶貴的，生命也是短暫的，我們確實沒有必要為了一些生硬的原則委屈自己的一生，何不停下手上的工作，想一想：目前過得開心嗎？還有另外一條更適合自己的路可走嗎？不要認為那是我們「知難而退」或「避重就輕」，因為重新選擇同樣是認真及負責的。

　　也許換條路後，你會發現還比不上從前，可那又有何妨？最重要的是你已經突破了心理關口，脫離了固定軌跡，以後，還愁找不到更精彩的活法嗎？

狼性法則 82
區別對待，靈活應付

當狼很靠近獵物時，會咬住獵物踢不到的位置，像肩部，臀部，頸部等。狼群為了達到目標，對每種動物的攻擊都會採用不同的策略，這就是狼性多變，是它們智慧的生存法則，狼群也是憑藉著這種高明的策略達到最終的目的。

社會上的每個人都是不同的，僅在性格上的表現就千差萬別，其中有些人是不容易打交道的，比如死板的人、傲慢的人、自尊心過強的人等等。

要想和各類同事輕鬆相處，就需要練就一定的處世功夫，根據對方的性格特點，採取不同的策略，靈活應付，達到交往的目的。

（1）對死板的人，要熱情而有耐心

比較呆板的人對人一副冷面孔。你熱情地和他打招呼，他也是愛理不理的樣子。死板的人興趣和愛好也比較單一，不大愛和別人來往。但他們也有自己追求的目標和關注的事，不過不輕易告訴別人罷了。

與這一類人打交道，他冷若冰霜，你不必在乎，應該熱情洋溢，以你的熱來化解他的冷，並認真觀察他的一言一行，一舉一動，尋找出他感興趣的問題和比較關心的事情。要是你和他突然有了共同的話題，他的那種死板會蕩然無存，而且會表現出少有的熱情。

和死板的人打交道你一定要有耐心，不要急於求成。這種人，很注重自己的那種心理平衡。不願意讓那些煩人的事情干擾自己的

情緒。從他們的角度來考慮問題，維護他們的利益，慢慢地促使對方接受一些新鮮事物，逐漸地改變和調整他們的心態。這樣一來，就可以建立起比較合得來的關係。

（2）對好勝的人，忍讓要適可而止

這種類型的人狂妄自大，喜歡炫耀，自我表現總是不失時機，力求顯現出高人一等的樣子，好像自己什麼都比別人強。他們不分場合地挖苦別人，不擇手段地抬高自己，在各個方面都好占上風，好攀高枝。

同事中對這種人，打心眼裡是看不慣的，但為了顧及他做人的面子，不傷大家的和氣，總是時時處處地謙讓著他。在有些情況下，他爭強逞能，把你的遷就忍讓，當做是一種軟弱，反而更不尊重你，或者瞧不起你。所以對這種人，要在適當時機，挫其銳氣，使他知道「山外有山，人外有人」，不要不知道天高地厚。

（3）對城府深的人，要有防範

城府很深的人一般都工於心計，他們在和別人交往時，總是把真面目藏起來，希望多瞭解對方，從而能在交往中處於主動的地位，周旋在各種矛盾中而立於不敗之地。

他們的較深的城府，也是有經歷的，要麼是受到過別人的傷害，要麼是經受過挫折和打擊，才會對別人存有一種戒備和防護的心態。這種人對事不缺乏見解，不到萬不得已，或水到渠成的時候，他絕不輕易表達自己的意見。

和城府很深的人打交道，你一定要有所防範，不要讓他們完全掌握你的全部秘密和底細，更不要為他們所利用，或陷在他們的圈套之中不能自拔。

（4）對性急的人，要避免爭吵

遇上一個性情急躁的人，你的頭腦一定要冷靜。對他的莽撞，你完全可以採用寬容的態度，以笑置之。

（5）對口蜜腹劍的人，要敬而遠之

口蜜腹劍的人，又稱「笑面虎」，「明是一盆火，暗是一把刀。」如果你遇到這麼一位同事，你不管做什麼事情，都要多點頭，少搖頭，唯唯諾諾是最佳選擇。但你要多一個心眼，萬一他要你做的事是一個圈套，你也不必當面翻臉，只需藉故推委，或者只說辦不到即可。

碰到這樣的同事，最好的應付方式是敬而遠之，能避就避，能躲就躲。辦公室裡他要親近你，找個理由立即離開，做事不要和他成為夥伴，實在分不開，每天記下工作日記，日後好有一個說法。

（6）對刁鑽刻薄的人，保持相應的距離

刁鑽刻薄的人，是不受同事歡迎的人。這一類人的特點，是和人發生爭執時好揭人短，且不留餘地和情面；冷言冷語，挖人隱私，手段卑鄙，往往使對方丟盡了面子，在同事中抬不起頭。

這一類人常以取笑別人為樂，行為離譜，不講道德，無理攪三分，有理不讓人。碰到這樣一位同事，要和他拉開距離，盡量不去招惹他，吃一點小虧，受一兩句閒話，也裝作沒聽見，不惱不怒，不自找沒趣。

狼性法則 83

先去執行，不要莽撞

在共同捕獵時，狼王是最高的首領，狼群的一切行動都要聽它的指揮。一般情況下，狼王有著豐富的實戰經驗。在狼王的指揮下，每條狼都有自己的任務。對於自己的任務，每條狼都無條件地先去執行，即使是為了試探對手的實力而佯攻的狼也毫無怨言。

在職場裡，每個人都有自己的一套想法，或因對事情的認識的深入而能得到比上司更為完美的方案。但是要推行這個更好的方案，首先必須是能保證推行上司所確認下來的方案。

在能讓上司相信你可以把他所確立的方案完美推行之前，你是沒有資格提出不同見解的。畢竟，上司之所以為上司，他必定有過人之處，儘管他不是完美的，但相對於大多數下屬而言，他多少總有些權威。要想讓上司接受你的新方案，你總得先讓他感覺到你的話是有些分量的。

有這樣一個故事：雅典君對指揮官馬西魯斯在攻城時需要撞牆槌才能攻破城門，便下令將雅典船塢裡兩支船桅中的較大的一支立刻送來。接到命令的軍械師認為，較短的比較適用，而且運送起來也比較容易。

等到短桅杆運抵時，馬西魯斯要求士兵解釋，於是士兵描述軍械師如何為短桅杆不停地爭辯，認為短桅杆攻城更加合適。馬西魯斯盛怒，下令立刻將軍械師帶到眼前。

軍械師抵達了。他滔滔不絕，還是同樣的一套話。馬西魯斯等

他說完，便命令士兵剝光他的衣服，用棍子活活把他打死了。

故事裡軍械師的觀點是對的，要攻城的話短梡杆要比長的好用得多。

這個軍械師無疑是軍械專家，但他不該以自己的專家身份來抗拒將軍的命令，他應該明白一點：「軍人以服從命令為天職！」將軍要他送長梡杆，他就絕不該送了短梡杆去。不執行上司的命令，那他的下場只有一個：身首異處。

上司的心理是不可猜測的，他吩咐的事情應該先辦了為好。如果還有什麼話要說，大可在辦完上司的分配後再說。

再者，在辦完上司交代的事情以前，你沒有任何發言權。在上司看來，連吩咐你做的小事你都沒做好，怎麼能相信你提出的新方案有可行性？你只有用辦好小事情來證明你的能力，讓上司相信你的新方案是有一定道理的。

每個人都有自己的著眼點。從不同的著眼點出發，自然會對事情有著不同的認識，做出不同的判斷，得出不同的處理方法。而且，受才氣、眼光、經驗等的限制，每個人都會相信自己是正確的，都以為自己所做出的判斷是最精確的判斷。

而實際上，達到「最」的只能有一個。我們反觀一下自己曾經做過的判斷，又有多少是正確的呢？一經事實的檢驗，許多問題就顯現出來了。

這就是說，我們並沒有形成權威，我們的程度還沒有達到能大規模令人信服的地步。假使這次自己是真的做對了，提出了最好的處理方法，但還是不足以讓人可以坦然信任的。

即便你有足夠的理由相信你的方案最好，你也一定謹記，不要莽撞，取得說話權再說。而要取得說話權，惟一的辦法，就是長

期以來都能把上司交代的事情做好，從而使人相信你所說的話的分
量。

狼性法則 84

不在其位，也謀其政

　　一般情況下，一個狼群有大約七到十隻狼。一頭公狼擔任首領，這匹公狼有一個固定的配偶，它們負責繁衍下一代，但哺育幼狼卻是狼群共同的責任。

　　母狼在產下幼狼之後，一般要在狼穴呆上一段時間，以哺乳和保護幼狼。這段時間，公狼和其它狼就會為母狼叼來食物，以保證母狼的身體健康和奶水充足。

　　從這狼的故事中我們看到什麼？既使不是自己的骨肉，它們也會盡力照顧，這就是狼的忠誠。

　　先講一個忠誠勤奮者成功的故事。

　　有一個公司老闆聘用了一個年輕人做自己的司機，年輕人幫老闆作了很多事，老闆想獎賞他，而他堅持只領取屬於自己應該得的那一份酬金。而可貴的是，這個年輕人在工作上並不滿足於此，還經常為老闆寄發一些信件，處理一些手頭上的問題。這樣一來，他對公司的一些業務也瞭解了很多。

　　時間久了，如果碰上老闆有事情，無法分身時，就讓他代為處理。他還在晚飯後回到辦公室繼續工作，不計報酬地做一些並非自己的分內的工作，他在超越自己的工作範圍內也力求做得更好。

　　一天，公司負責行政的經理因故辭職，老闆自然而然想到了他。

　　在沒有得到這個職位之前已經身在其位了，這正是他獲得這個

職位最重要的原因。當下班的鈴聲響起後，他依然坐在自己的座位上，在沒有任何報酬承諾的情況下，依然刻苦工作，最終使自己有資格接受這個職位，並且使自己變得不可替代了。

許多成功者在開創自己事業前都有忠誠為老闆打工的歷史。要成功就需要有忠誠於人心的心態，這似乎是一種必然。而忠誠者大多能走向成功，這也近乎於一種必然。

沒有人是天才，生下來就懂得做事情的。每學會做一件事情，都是經過長時間的磨練的。而且在這成長的過程中，往往要付出很大的代價。譬如把事情搞砸了，帶來的損失就不是一個很小的數字。要自己幫自己「交學費」，那是很划不來的。但投身到別人門下，讓別人來為自己的成長「交學費」，那可賺很大。

也就是說，「實驗」——學習的機會本身就是一種報酬。對於這一點，任何一位做過老闆的人都比還在打工階段的職員更加清楚明白。為此，他們大都把承擔更多更重要的責任這一項殊榮作為一種報酬獎勵給忠誠於他的員工，某些部分替代了金錢、物質上的支出。

而員工們則該懂得，主動、不計報酬地去承擔責任、充當某一個角色，對自己的未來是很有好處的。

如故事中的這個司機，透過無償替老闆收發信件，處理一些事情，學會了很多業務上的操作方法。漸漸地贏得了替老闆處理事情的機會，這正是行政經理所要做的事情。到行政經理辭職時，他已經完全學會了這一職位所要做的工作了。

老闆如果從外面聘請一位專家回來擔任這個角色的話，在最初階段出於對這家公司的陌生，這個人做得絕不會比這位司機更好。所以，這個職位只能是屬於這個司機的。

　　他用自己的業餘時間學到了行政經理的本事，讓老闆無風險地聘請到了一位優秀專屬於這家公司的行政經理。他也因此完成了從司機到白領的轉變。

　　老闆都希望無風險地任用一個人，去擔當重要的職位。誰能讓老闆承擔越小的風險，誰就能勝出。而要讓老闆無風險地用一個人，最好的辦法，當然是用忠誠獲得學習、實驗的機會，不在其位，已謀其政了。

　　讓你忠誠不是要教你傻，而是教你精明。賺錢的事先不急，把翅膀長硬了再說。

狼性法則 85
好話先說，最為實際

　　狼是自然界最善於交流的動物之一。對狼來說，交流的藝術在於密切注視各種各樣的交流方式，狼之間複雜精細的交流系統使它們得以不斷地調整策略戰術以獲得成功。

　　狼群交流溝通的方式十分多元化，它們使用每一種能夠運用的方式。它們的表情非常多樣，甚至嘴唇、眼睛以及尾巴都能表達它們的感情；在狼群的行動中，不同的動作也表明了不同的喜怒哀樂。

　　在狼族中，狼與狼之間都會用良好的交流方式來表達自己的情感，這可以使其它的狼產生一種共鳴，達到互相激勵的作用。

　　有一句俗語叫作：醜話說在前頭。醜話應該說在前面，這可以對對方產生恫嚇的作用，可以敦促他更好地履行義務；而且，好話也應該說在前面，這樣可以對對方產生激勵的作用。人的內心中常常存在著需求激勵的慾望，而這種慾望則要透過本人對自己的鼓勵或者外部的激勵來完成。缺乏激勵就會導致人沒有足夠的熱情。

　　職場之中，上下前後左右，處處與人發生著勞動與報酬的利益關係，勞動品質可高可低，全憑懲罰與獎勵機智來調劑。若你是個部門主管，單純使用懲罰機制來對待下屬，那肯定是不行的，這樣做只會讓下屬之人不滿於你，工作起來的數量或品質肯定會存在一定的問題。

　　即便不是主管與下屬之間的關係，同事之間，也常要使用激勵機制來調節彼此關係。比如說，你需要你的同事幫你個忙做點什麼

事情，他幫你是人情，不幫是本分。這時候，就要起用激勵機制了，譬如說句「幫我做什麼什麼，明天請你吃飯」。

當然，你要兌現你的承諾。如果你說請他吃飯的時候，他說：「小意思，不必了。」那是跟你客氣，你可千萬不能當真。假若你真不請他──他的付出得不到回報，他心裡會記掛著，說不定哪天在背後說你時，就有了這樣的話語：「那個誰度量小又小氣了……」

你也不要想著這次他幫你的忙，下次你幫他的忙，犯不著幫飯店做業績，這種想法是不切實際的，還是來點直接的激勵有效。

狼性法則 86

面子是小，前途為重

狼是一種能屈能伸的動物，它們不會因為一些面子問題，而莽撞行事。但是這種態度仍然是建立在它們血性尊嚴的基礎之上，它們能夠把握這個態度。這就是狼。

在人才流動逐漸加快的現代職場，跳槽對每個公司員工來說都是難免的。沒人會在一個公司裡待一輩子，「人往高處走，水往低處流」，每個人都希望踏上更高的台階，選擇一份最適合自己的能力、興趣愛好和個性特徵的工作。

但是，跳槽後的工作並不一定像想像的那麼好，你可能待一段時間就又覺得不滿意了，有很多人跳槽後到外面轉了一圈後，才發現還是原來的公司最好。這時，應該怎麼辦呢？繼續做下去吧，心有不甘；回原來的公司吧，又怕丟臉。

（1）打破吃回頭草的面子問題

在職場上，有很多人堅持「好馬不吃回頭草」，認為那可是關係到一個人面子和尊嚴的大事，並且振振有詞：「人若沒有了尊嚴，工作還有什麼意思？」所以，那些明知自己現在公司不如以前的好，自己的能力得不到發揮的人，也要為了面子，死守陣地，甘願忍受碌碌無為的痛苦，要麼就毫無目的地一直跳下去。即使公司向他們表示希望他們回來，他們也是不肯放下自己的「尊嚴」。

其實，這又何苦呢？難道面子和所謂的「尊嚴」就那麼重要嗎？以至於為了它可以放棄自己的前途？

看一看美國一家電腦公司的老闆是怎樣看待「吃回頭草」的員工的吧：

「史蒂文是一位不錯的員工，他為人也很好，我也很器重他，並且準備提拔他為管理者。讓我意想不到的是，他竟然會對我提出辭職。但我能理解他，他妻子身體不好，又有兩個兒子，家庭壓力很重，畢竟人往高處爬！

「史蒂文的跳槽和別人不一樣，有些人跳槽時會對公司流露出'不識人才'的怨氣或者有些攀上高枝的傲氣，甚至有些人為了出口氣，把公司和老闆貶得一無是處，還四處聲稱公司肯定會很快倒閉。但他沒有這樣做，反而特地來徵求我的意見，很坦誠地把他的想法和打算統統倒出來，和同事告別時也依依不捨。從提出辭職到離開，他都做得很自然，並且，離職後他還經常與我聊天，道一些問候，說說在新公司裡的情況，不管得意的還是失意的，都不隱瞞。

「有一次，史蒂文說到在新公司工作不如意，想再跳槽時，我問他想沒想過再回來？他說當然願意，還是原公司好，人際關係和工作環境都不用去重新熟悉。

「他又回來上班了，回來時也很自然，仿佛是外出休了一個短假，他工作比原來更加努力，而且給公司帶來了一些新的觀念和方法，員工們也都很尊敬他。不久我就幫他加了薪水，並提升他為部門主管。」

事實證明，好馬也吃回頭草，走得光明磊落，回得坦坦蕩蕩。這樣的員工往往在各方面的素質都很好，公司是歡迎他們回來的。而一些抱著好馬不吃回頭草的員工，擔心回來會大傷面子，說到底是自己的心理在作怪。

在很多時候，吃回頭草的馬往往能對原來的工作有新的發現和

認識，並能提出改進建議，從而獲得更好的發展。

在人的職場生涯中，職業選擇不是只有一次，但他對一個人的發展卻是重要的轉捩點，如果對它決策失誤，不僅會影響自己的發展，還會影響工作生活品質。因此，你不要因虛榮和面子而固執地堅持「好馬不吃回頭草」的想法，馬上更新觀念，選擇對你職業生涯更有利的工作。

如果你原來的工作有價值且適合你，就要義無反顧地回頭。要知道一個好的公司最終是歡迎人才回來的。

摩托羅拉的企業文化提倡「好馬也吃回頭草」，並且對於跳槽的員工在一年左右回來的，官復原職，且延續以前的年資。他們認為員工跳槽出去，在外面工作幾年，心態成熟了，工作經驗也豐富了，回來會給公司帶來更大的經濟效益，因此公司十分歡迎。

可見，是不是「好馬」不是從你「吃不吃回頭草」來判斷的，所以，你要打破吃回頭草的面子問題。如果你回到原來公司後回報不低於自己的付出，並且你確實努力找了工作，但發現這些工作真的不如原來的好，那你的回頭就是值得的。

（2）看看自己是否適合吃「回頭草」

究竟該不該吃「回頭草」，完全由自己的情況而定。如果你不適合，就要慎重考慮一下，此時若貿然吃「回頭草」，可能會被碰得頭破血流。

你可以從以下幾個方面審視自己：

第一，你是否喜歡原來的工作。判斷一下原來的工作是否符合你的職業興趣。職業興趣是指有關個人職業偏好的認識傾向。它是一種具有濃厚的情感色彩的指向性活動，可以使人全身心地投入並創造性地完成所從事的活動。透過對自己職業興趣的分析，你可以

瞭解你到底喜歡什麼，知道你目前的職業興趣是否與原來的工作職位相一致。只有你原來的工作與你的職業興趣相一致時，你才有可能熱愛將要從事的工作並把它做好。

第二，你是否適合做原來的工作。人的性格與職業適應性有著密切的關係。如果你的性格與原來的工作相符，就可能在事業上獲得成功，否則會損害你的心理健康，妨礙你的發展。

第三，你是否勝任原來的工作。職業能力是指一個人從事某種特定職業的能力。職業能力對一個人工作的選擇，事業的成敗具有重要的作用，是取得事業成功的重要條件。透過分析這一點，你可以瞭解自己能做什麼，知道自己是否勝任原來的工作。

在你選擇是否「回頭」時，你應堅持一個原則：選擇最適合你的而不是最好的工作。只要你目前的職業興趣、職業性格和職業能力與原來的工作相一致，真正做到了「人職匹配」，那麼，你吃「回頭草」就是明智之舉。

（3）「吃回頭草」，是另一次奮鬥的開始

一旦你選擇了回原公司，你就要對吃「回頭草」帶來的一些難堪局面做好充分的心理準備。因為畢竟還有許多人存在著「好馬不吃回頭草」的錯誤心理。

有的人可能會說一些風言風語，說在外面混不下去了，回來跟要飯差不多。也有些主管和同事可能對你難免會有成見，對你不信任，影響你的晉職升遷。

對此，你也要採取一些措施，比如開誠布公地找上司深入地談一談，平時和同事交流時也要有意無意透露出些自己打算長遠在這裡做的想法。相信自己，只要你堅持下去，他們一定會消除成見的，而你也可以做出一番事業來。

最重要的是，你要用自己的工作業績來證明原公司選擇你是英明的，你重新選擇原公司是正確的。只要你能做得比以前好，比別人好，所有的謠言都會不攻自破，所有的顧慮都會不消自除，所有壓力都會不減自輕。

狼性法則 87

不忘低頭，明智之舉

狼有狼的尊嚴，但是這種尊嚴並不是盲目的。面對強大的動物的攻擊，它們只有適時低頭，才能保全自己。這又是狼柔性生存的一種智慧。

對社會而言，個人無疑是渺小的，要在生活中保持低姿態，把自己看輕些，把別人看重些，把奮鬥目標看重些。這樣才能像狼一樣在社會中生存。

有一次，佛蘭克林到一位前輩家拜訪，當他準備從小門進入時，因為小門低了些，他的頭被狠狠地撞了一下。出來迎接的前輩告訴佛蘭克林：「很痛吧！可是，這將是你今天拜訪我的最大收穫。要想平安無事地生活在世上，就必須時時記得低頭。這也是我要教你的事情，不要忘了！」

這個故事並沒有前延後續部分。沒有講到佛蘭克林原本如何倒楣，聽了這句話後做出什麼成就來。

佛蘭克林是個絕頂聰明的人，這麼簡單的道理當然也不用別人敘說，他自己早已知道。只是縱然早已知道，也難免會長得太高撞上小門，歡聲「哎呀、意外」而已。

要想平安活在世上，須得牢記不忘低頭，這個道理估計人人都懂得的。只是懂得歸懂得，一時意外撞上門牆的事卻是時有發生的。老是低頭做人，太沒趣味。有時昂昂頭也是應該的，這樣可以不使心理壓抑太重，可以保持心理狀態健康。但是有一點必須牢記：

別在關鍵時候出了錯。

　　一個人在弱勢的時候，主宰不了世界，只好任由世界主宰，連佛蘭克林也是如此。

　　初進職場之時，所見諸位皆是前輩，經驗比自己豐富，A 哥 B 姐 C 老大總是要叫的。適當時候迎合一下這些前輩們，多得點他們的指點對自己的成長很有好處。因為他們並沒有指點你的義務，你必須靠自己的「低頭」製造他們的優越感來爭取。

　　對待上司，亦需低頭。上司有一種使命，那就是在下屬面前形成他的權威與威信，領導下屬們做事情。為了成就上司的威信，職員低低頭是應該的。

　　雖說「東家不打打西家」，但到哪兒不是低頭呢？向一個人低頭總比向兩個人低頭要更容易一些。身處弱勢，總得忍上一忍，把頭低下來。這才是明智之舉。

狼性法則 88

職場生存，馬屁哲學

在自然界中，在強大的勢力面前，狼有自己的生存方式，它們既能保全自己，又不得罪那些大型動物。這是它們另一生存法則。

人無完人，上司、老闆們有時候也可能犯錯誤，而且這錯誤也需要下屬來指出。但同時，上司、老闆們又需要維護一定的尊嚴以治屬下，不可隨便被人評說。身為下屬，就要學會這種夾縫中生存的方法，人話也能說，鬼話也能說，勇於指出老闆的錯誤，敢於吹捧老闆。

德皇威廉二世派人將一艘軍艦的設計圖交給一個造船界的權威，請他評估一下。他在所附的信件上告訴對方，這是他花了許多年，耗費了許多精力才研究出來的成果，希望能仔細鑒定一下。

幾個星期之後，威廉二世接到了權威人士所作的報告。這份報告附有一疊以數字推論出來的詳細分析，具體內容是這麼寫的：

「陛下，非常高興能見到一幅絕妙的軍艦設計圖，能為它做評估是在下莫大的榮幸。可以看得出來這艘軍艦威武壯觀、性能超強，可說是全世界絕無僅有的海上雄師。它的超高速度前所未有。而武器配備可說是舉世無敵，配有世上射程最遠的大炮，最好的桅杆。至於艦內的各種設施，將使全艦的官兵如同住進豪華旅館。這艘舉世無雙的超級軍艦只有一個缺點，那就是如果一下水，馬上就會像只鉛鑄的鴨子般沉入水底。」

本來就是「玩票」性質的威廉二世，看到這個報告，不禁了然

於胸地笑了。

　　像這個故事裡的造船界權威，就很懂得拍馬屁與說真話之間的哲學，如果他下個結論：陛下不懂造船。只怕不久後，說不定就會有「君要臣死，臣不得不死」的事情發生。

　　如果他一味地奉承德皇，不敢說真話，那就是慌報軍情了。這船要真造起來，責任恐怕也得他來承擔。所以他只能拍著馬屁告訴皇上老兒真相。

　　當然了，拍老闆馬屁不是一件諂媚的事。具有豁達的心態，把拍馬屁當作一件藝術創造的事情來做，那這事做起來也不會太難為情的。而且，這樣的拍馬屁方式才易為人接受，且能取得良好效果。像故事裡的造船界權威，先連用好幾個最字，誇獎了這艘不可製造的軍艦諸多好處，盡顯文辭之能後，再使個比喻句，把這艘船的不可饒恕的缺陷說出來。這種開玩笑式的評論是不打擊任何人的自尊心及情緒的。而說出重要事實的部分，必是有所助益的。

　　在職場中，對待上司或老闆，真話固然是要說的，馬屁也是要拍拍的。拍馬屁，可以逗得上司、老闆開心，贏得他們對自己的關注。這對自己是很有好處的。用專業一點的話來說：拍馬屁是一種完成工作任務以外的創造精神產值的行為。老闆天天想著賺大錢，很需要一個善於調笑的下屬來陪他說話解解悶的。

　　而且，每個人都在追求優越感、勝利感，希望得到一定的確認。老闆喜歡聽到有人吹捧他，喜歡看到有人在他面前充當「弄臣「角色逗他開心，也會準備為表演得好的人以某種形式的一定量的獎勵。當你把他逗得開懷大笑了，他心中自然就有反應：這人給了我歡樂，我總得謝謝他。

　　既如此，自當學習幾手拍馬屁之術，適逢機遇用上一用，拍得

老闆心懷大釋自有好處。

當然了，最重要還是要研究真本事，做好本職工作。拍馬之術，聊供閒來研究。

狼性法則 89
工作敬業，立場不變

　　一個狼群中，只有頭狼和它的配偶才能有生育的權利，而其它雄狼和雌狼卻連交配能力都沒有。這一方面是為了控制狼群後代的特質，但從另一方面看，家族的所的成員都做出了很大的犧牲。它們沒有自己的後代，它們為了狼群共同的利益而放棄了許多利益。這些些充分體現了它們對狼群家族的忠誠和奉獻精神。

　　在職場中，當命運操縱在老闆手裡的時候，忠誠敬業，成了一條走向成功的路。在道德說教的宣揚文字裡，忠誠敬業者都能獲得老闆的賞識，從而改變命運。但這僅僅是道德說教，天下還有許多忠誠敬業的人無論職位還是收入都是非常低的。確實有人因忠誠敬業而走向成功，但更多人沒有改變命運，只是在薪水上有所提高而已。

　　其實，多數職場中人都知道忠誠敬業對自己會有一定的好處，但這不足以改變他本來的想法。他還是認為：我是在為老闆打工。既然是為人賣命，那就不必那麼認真積極了，不妨偷點小懶，養養精神。如果這時候誰在老闆面前表現得很賣力的樣子，表現出超出其他人忠誠的樣子，那他就是一個討厭的人物。

　　威廉和馬克同在一個工廠工作，每當下班的鈴聲響起，馬克總是第一個換上衣服，衝出廠房，而威廉則總是最後一個離開，他十分仔細地做完自己的工作，並且在廠裡走一圈，看到沒有問題後才關上大門。

有一次，馬克和威廉在酒吧裡喝酒，馬克對威廉說：「你讓我們感到很難堪。」

「為什麼？」 威廉有些疑惑不解。

「你讓老闆認為我們不夠努力。」馬克停頓了一下又說，「要知道，我們不過是在為別人工作。」

「是的，我們在為老闆工作，但是，也是在為自己而工作。」威廉肯定地回答說。

上述故事中的威廉懂得他是在為老闆工作的同時也是為自己工作，這是一件好事。但是，他不應該表現得太過分了，結果他的行為引起了同事們的不滿，正如馬克所說的：「你讓老闆覺得我們不夠努力。」對比之下，老闆自然喜歡忠誠敬業的威廉，也會把他列為楷模，並要求其他員工像他這樣。

這就觸犯了其他員工的利益。他們本來都是積極的，老闆也接受了人們對工作的這種熱忱程度，但自從威廉來了後，一切都變了樣，他可能令老闆對人們的熱忱程度有了新的要求。這樣的話，威廉真可謂是得不償失了。

一位久在職場的前輩曾說：「不要每天都準時上班，偶爾有意地遲到一次。」他的意思很清楚，你每天都做得那麼好，相比之下同事就顯得懶惰了，這樣你就不合群了。

如果你不能確定你的忠誠敬業會很快給你帶來收益的話，那你最好還是表現得平淡一點，不要過於忠誠了。把自己拉回平淡一族中，是對其他為人懶散的同事的一種心理安慰。這種安慰，足以拉近你與他們之間的距離。

當命運操縱在別人手裡的時候，忠誠敬業還是很必要的。但是一定要注意方法，可以把自己置身於老闆的角色，但不要脫離同事

們的立場。否則，脫離群體，就陷入了孤軍作戰的艱難境地。

狼性法則 90
亮出自己，讓人注目

狼群天生就具有戰鬥的性格，可以說戰鬥是狼生命的本質。在狼群內部，要透過戰鬥決定自身在狼群中的地位，也只有透過戰鬥才能展示自己的能力。

沒有這種戰鬥的性格，狼族就不能在這個地球上生存。戰鬥就是它們的生命哲學，戰鬥就是它們展示自己的法寶。

在職場升遷的道路上，最大的障礙是什麼？不是虎視眈眈的競爭者，也不是嫉賢妒能的昏庸上司，最大的障礙是你自己。是你不敢推銷自己，自甘寂寞的消沉心態。

如果你在工作中能善於推銷自己，讓上司和同事領教到你的博深才學，體會到你對公司的忠貞不二，得到你的無私幫助，迅速樹立起自己的「光輝」形象，那麼上司必然會提拔你、重用你，這樣，你的事業坦途就可以啟程了，你將會無往不利。

（1）亮出自己，讓眾人注目

在公司裡，你可能會發現這樣一種現象：一些能力不如你的同事，他們升職加薪的速度都比你快，他們深受上司的器重，常常被委以重任。

這是為什麼呢？

就是因為他們懂得如何推銷自己，展示自己。在現代社會，職場中人要有自我推銷的意識，否則即使有再好的才華和能力，也有可能被埋沒。因此，平時在工作中你要注意推銷自己，把自己的能

力展示給別人，如：口齒伶俐，優秀的表達技巧，且有領導才華，思考縝密，計畫周全，是管理方面的優秀人才等。要盡量用事實向上司、同事證明你具有超人的能力，能夠勝任包括當前工作在內的多種工作。

假如你有驚世之才，但不懂得表現，那就等於自我埋沒。同樣，有絕佳的才幹卻得不到別人的注意和賞識，也是枉然。

有時候，你需要的就是主動地自我推銷和自我表現。

爭取表現機會的方法有很多：

① 展示自己的能力

當上司提出一項計畫，需要員工配合執行時，你可以毛遂自薦，去充分表現你的工作能力。

② 適度渲染

擔當瑣碎的工作時，你不必把成績向任何人展示，給人一個平實的印象。當你有機會擔當一些比較重要的任務時，不妨把成績有意無意地展示，增加你在公司的知名度。這一點非常重要，因為上司是否特別注意某個員工，往往是看該員工在公司的知名度如何。掩藏小事的成績，渲染工作的績效，可以達到實至名歸的效果。

③ 避免被小事拖垮

在衡量工作重要程度時，把可以令上司注意的項目排在最前面。因為上司一般並不重視瑣碎事情的成績。只要合理安排工作的順序，向著目標奮勇前進，就不難脫穎而出，獲得上司的青睞。

④ 不要過分謙虛

有時候，太過謙虛反而會吃虧。例如，幾個同事完成一項艱巨的工作，上司詢問有誰參加時，直言同事姓名後，不要忘了把自己的名字報上。心存謙虛之道，做「無名英雄」，試圖以「美德」

取勝,這是書呆子的做法。你自己不說,別人更加不會特別標榜你的名字,上司可能永遠不知道你做了一件很了不起的事情。很多時候,太過謙虛只能給人一種平凡、缺乏自信的印象。

⑤ 保持最佳狀態

別以為連續加班兩個通宵,一臉疲憊的樣子,會博得上司的讚賞和嘉勉。不錯,他可能會拍拍你的肩膀滿懷感激地說:「辛苦你了」、「全靠你了」等等的話,但是在他的心中則可能有另一番話說,如「這個年輕人體力不好」、「有更大的任務能勝任嗎?」等等。因此,千萬不要令上司對你產生同情心,因為只有弱者才讓人同情。如果上司同情你,表明他對你的能力產生懷疑。無論什麼時候,在上司面前都得保持一貫的精神狀態,這樣他會不斷托付給你更重要的任務,以便你更好的表現自己。

⑥ 不斷創新

讓上司知道你是一個對工作十分投入的人,不僅如此,你還要嘗試用不同的方法提高工作效率,使上司對你形成一個深刻的印象。一個靈活、不死板的人總會引人注目的。

不要只做分內的工作,盡量把自己的才華適時地表現出來,讓大家知道你是個多才多藝的人才,讓自己擁有更多表演的舞台。

推銷自己,表現長處,表現自己的才能,在出人頭地的路上,贏得上司的賞識,同事的認可,你就會如願以償了。

多方學習，增加實力

有時候，狼就像兒童一樣，對周圍的一切充滿了好奇，而且這種好奇是單純的。在仔細的觀察中，它們學到了許多知識。

兒童只是從人身上學習行動和語言，可狼卻可以從自然界中的每一種事物中學習。大概也就是這種好奇，這種學習能力，讓它們在越來越殘酷的自然環境中完好地生存吧！

人生在世，肯定是要與許多形形色色的人打交道的。在此交際過程中，人們不但可以打發時間、建立聯絡、尋找合作夥伴，還可以從對方身上學到不少東西。

著名作家威廉·遜經常靠從不同的行業人士那裡積累新知，以此作為自己寫作的素材。在一次晚宴上，他和生物學家古斯先生偶遇，並開始交談起來。古斯先生所談的非洲瑪拉山區野狗的情況使他感觸很深，讓他對瑪拉山區野狗的生活產生了很大興趣。一整個晚上，他都在向古斯先生請教野狗的生活習性、生理知識、活動範圍等。而接下來的幾天，他更是親自登門向古斯先生學習請教，掌握了大量非洲瑪拉山區野狗的新知。

一年之後，威廉·遜所著的以瑪拉山區野狗為背景的小說《野狗天堂》榮獲年度小說特等獎。

故事中的這位著名作家威廉·遜先生，僅憑幾天的交往，就從古斯先生口中獲得大量的第二手專業材料，從而寫出了轟動一時的小說《野狗天堂》。

　　當然了，向不同行業的人學習，並不僅限於瞭解一些材料，如果你是一個交際高手的話，你還可以瞭解到其他行業的基本知識、行情乃至操作手法等。而獲得這些資訊的過程，可以是詢問，可以是討教，乃至於是爭辯等等。

　　其中詢問是一個好辦法。詢問能把對方提升到「專家」的位置。大多數人都有虛榮心，好為人師，對於別人的發問，一般都是持歡迎態度。譬如當他在公眾場合受到注意時，更是恨不得把所有的時間包下來，好好講個痛快，以展示他的學識與口才，成為眾人矚目的焦點，做一回「明星」。

　　向對方討教他那個行業的知識——他最拿手的知識。這樣的話，你獲得知識的效率就會很高，比自己慢慢翻書來得更快更專業。跟許許多多不同行業的人交往，並從他們口中獲得許多重要知識，這樣的話，你就可以成為一個對社會有深入瞭解而且博學的人。這對你的人生是有著很大裨益的。

　　明白了這個道理，那麼你該好好檢視一下以往對待其他行業人的交往方法。如果你沒有從他們口中獲得知識的話，那麼，你可以認定你與人交往的效率是不夠高的，你本該在交往中得到更多的東西。

狼性法則 92
相互信任，彼此受益

　　狼從來不相信羊會跑到自己身邊來，它們知道所有的食物都必須依靠艱苦的狩獵。

　　殘酷的生存環境，磨練了狼的意志和技能，狼永遠都相信自己，相信自己的努力與謹慎。

　　狼也絕對信任自己的同伴。世界上只有為了團隊自我犧牲的狼，絕對沒有出賣同類的狼。

　　如果我們人類能夠像狼那樣相互信任，就不會有那麼多勾心鬥角的事了。

　　在現實生活中，建立相互信任的模式很重要。人與人之間的觀念不盡相同，在沒有相互信任的前提下，對立雙方為了自己的需要而進取，難免會造成許多不必要的摩擦。而這些摩擦將是費時費力的。

　　美國總統艾森豪在一次新聞界的餐會上，應大家的要求站起來講話，他說：「大家都知道，我不是善於言詞的人。小時候我曾經去拜訪過一個農夫，我問這個農夫：『你的母牛是不是純種的？』他說不知道。我又問：『這頭牛每個星期可以擠出多少牛奶呢？』他也說不知道。最後，他被問煩了就說：『你問的我都不知道，反正這頭牛很老實，只要有奶，它都會給你。』」

　　接著，艾森豪笑了一笑，轉而對所有在場的新聞界人士說：「我也像那頭牛那樣老實，反正有新聞，一定都會給大家。」

　　這幾句話讓大家哄堂大笑，因為這簡直就是兜著圈子告訴大家，你們別沒事緊追著我問，反正我有新聞一定會給你們嘛！

　　作為一國之首，艾森豪無時無刻不成為媒體關注的焦點。為了獲得更多的重要新聞，記者們 24 小時地糾纏著他，希望能從他身上多拿到消息。因此，艾森豪這位總統先生始終難以擺脫記者們的糾纏。

　　怎麼樣才能讓記者們在記者室老老實實待著，而不是隨時糾纏著總統呢？那就是艾森豪讓他們知道：無論什麼時候我有新聞都通知你們，你們不用纏著我了。

　　假若總統先生真能做到一有新聞就通知記者朋友們的話，相信記者朋友們從此也不會去糾纏總統的：總統已經奮力做到最好，記者再不識趣去糾纏就太沒有意思了。

　　在公司中，老闆與員工從一開始就處在了對立面上，輕則可描述為管理與被管理的關係，重則可以說成是控制與被控制的關係。而在這對立的兩面中，既有合作的關係，又有對抗的關係，大家都需要對方。在這樣錯綜複雜的對立合作關係中，彼此之間建立起相互信任機制相當重要。

　　怎樣才能建立起老闆對自己的信任呢？只有一個辦法，那就是先拿出來成績來。只要你把成績拿出來，你能讓老闆上司相信你的發揮恆定，你能勝任其中事務的話，老闆自然也就願意讓你承擔更多的責任了。

　　而老闆也需要獲得員工的信任。老闆不懼怕給員工以更多的報酬，但他希望員工能變得更出色，能為企業贏得更多的業務與利潤。

　　如果上司、老闆，沒有對自己產生信任感，下屬則更需要與他

們建立相互信任機制，作為弱勢方主動一下是必要的。把話說明白了，辦事就放得開了。這樣對老闆、對自己都是很有好處的。

狼性法則 93
讓人需要，而非感激

　　狼有靈敏而纖細的感受，能夠覺察家庭成員中其它成員的需要。它們知道，要想在狼群中生存，只有讓它們需要，而非感激，只有這樣才能更好地培養它們的獨立能力。

　　真正聰明的人寧願讓人們需要，而不是讓人們感激。有禮貌的需求心理比世俗的感謝更有價值，因為有所求，便能銘心不忘，而感謝之辭無非是促人忘卻。

　　與其讓別人對你彬彬有禮，不如讓別人對你有依賴之心。

　　春秋時，晏嬰、田穰苴和梁丘據是齊景公最為信任的三位大臣。

　　一天，齊景公半夜宴飲，喝到中間，感到自斟自飲不如與人共樂，一時興起，就命人搬起酒席，到晏子家去。

　　晏子聽說齊景公駕臨，急忙穿上朝服，手裡準備好上朝用的奏摺，在門口迎候景公。齊景公還沒有下車，晏子就走上去問他是否有什麼國家大事。

　　齊景公笑著說：「今晚明月當空，我想和你一起享受這美酒佳餚，如何？」晏子聽了後回答：「政治外交之類的事情，我很願意參與。可陪喝酒的人，您身邊一定不少，我就不參加了吧。」

　　於是，景公悻悻地把酒宴移到了田穰苴家。田穰苴披甲執戟，站在大門口迎候。一見景公的車隊到來，馬上迎上去問景公：「是不是有外敵入侵，是不是國內有什麼叛亂？」景公解釋說只是想

和他一起共飲同樂，但是田穰苴也以同樣的理由拒絕了。

　　景公在晏子和田穰苴兩個人那討了沒趣，於是又把酒席搬到寵臣梁丘據家。來到梁丘據家一看，梁丘據左手操瑟，右手提竽，一邊唱歌一邊迎上來。景公慨歎說：「梁丘據啊，梁丘據，你總是在我最需要的時候出現，今天晚上我喝酒真快樂。沒有晏子和司馬（即田穰苴，被封為大司馬），誰為我保衛國家呢？可是如果沒有梁丘據，誰能陪我一起享受人生的快樂呢？」

　　在職場中，選擇讓老闆需要而不是讓他感激，行使這種策略，必將使自己更被重用，在增加薪酬、提拔職位上有很大裨益。

　　在工作上，勤奮是必須的。但勤奮努力也是有方向的，絕不是「把老闆的事業當自己的事業」來做就可以的。勤奮努力，代表的是掌握更多行業的操作方法、學到更多作為老闆的本事、承擔更多老闆的角色替他解憂。如果你一味地只會早來半小時拖地板，老闆只會說：「喲呵，這小夥子不錯，有前途。」而不景氣的時候，他卻肯定把你當作第一批裁員對象。

狼性法則 94

委曲求全，顧全大局

狼為了團隊的利益，為了大多數狼的利益，會毫不猶豫地犧牲自己的利益，即使是獻出生命也在所不惜。狼群知道，為了生存，在必要的時候它們要付出一定的代價。

在職場中，為了大局，為了整體和全域的利益，同事間應該拋棄私心雜念和個人成見，自覺鍛鍊委曲求全的特質和風格。這既是事業發展的需要，也是個人修身養性的需要。

同事間相處需要相互謙讓，委曲求全的地方是很多的，這裡提供幾點以供參考：

（1）工作上取得了顯著成績但得不到同事肯定時

碰到這種情況需要冷靜分析，弄清工作成績的取得是大家團結奮鬥的結果，還是由於你的獨特貢獻所帶來的。如果是前者，那麼大家對所取得的成績理所當然地就會淡化處理。比如在評功評獎推薦先進時，大家可能不提你的名或很少提你的成績。如果是後者，那麼就要考慮為什麼大家對你取得的成績不予肯定。是出於嫉妒，還是由於你平時人際關係不和諧？

總之，當工作上取得了顯著成績而又得不到同事肯定時，特別需要注意以下三點：

一是要維繫好個人與集體的關係，不要誇大個人的作用，更不能以為離開自己就做不好工作。

二是要多宣傳多肯定別人所做的工作和所取得的成績，虛心取

人之長，補己之短，不能文過飾非，有意把功勞歸於自己。

三是要淡泊名利，坦然地面對嫉妒者。工作中確有這樣的情形：你縱然做出再大的成績，但他就是不認可你。這種強烈的嫉妒心理可以演變成黑白顛倒、是非混淆的荒謬言行。因此，別人不認可你、不肯定你，並不說明你的工作實績不存在，並不說明你的付出沒有價值。大可不必為得不到同事的肯定而苦惱。

（2）自己能力較強而又得不到同事認同和信任時

一般來說，能力較強的人往往容易招惹是非，也常常會受到一些不公平的待遇。原因何在呢？從能力較強自身來說：一是遇事有主見，能拿出辦法，不會看別人的眼色行事，因而容易得罪人；二是工作中喜歡開拓，不喜歡墨守成規，因而有時固執己見，不善於與別人商量辦事，容易給人留下驕傲自滿的印象；三是事業心強，琢磨工作多，琢磨人少，平時與大家溝通不夠，因而人際關係不很融洽等等。從同事的角度看：為什麼看別人能力強而又不肯認同和信任別人呢？根本原因就在於缺乏融洽的關係和嫉妒、偏見等不健康的心理。

作為能力較強者，如何有意識地校正自己的言行，努力得到同事的認同和信任呢？關鍵是要注意以下幾點：

一是要照顧到大多數人的情緒和心理，凡事不可將自己的意見強加於人。將自己正確的意見暫時保留起來而服從大多數人的意見，這既是一種委曲求全，也是贏得大多數人信任的好辦法。

二是遇事不要強出頭，也不要期望把每件事做得盡善盡美。俗話說，人怕出名豬怕肥。過於出頭，往往容易成為大多數人的「箭靶」。

三是在非原則問題上應模糊些，寬容些，不要什麼事情都那麼

認真。

四是遇事多與同事商量，注意傾聽別人的意見，並且注意讓同事一起參與你的工作，分享成功的喜悅，那麼同事就不會因你能力強而嫉妒你，慢慢地就會由嫉妒轉為尊重和敬佩。

（3）當個人的切身利益受到同事侵害時

俗話說：害人之心不可有，防人之心不可無。對那些追名逐利的人，不僅要防，而且要使他受到「報應」，不然他就會有恃無恐，始終害人。再一個就是要淡泊名利。既不與人爭名爭利，也不為失去名利而心灰意冷。尤其在受到委屈，甚至是涉及前途命運的大問題時，也能坦然地面對挫折或不幸，這既是對別人的一種寬宏大量，也是對自身的一種超脫和解放。

（4）自己的好主意、好建議不被同事採納時

一般來說，只要是對工作有利的好點子，別人都會採納的（相互懷有敵意和妒意的情況除外）。那麼同事為什麼不採納你的好主意、好建議呢？

首先自身要檢查有沒有以下情況；

一是過分地在大庭廣眾之中渲染自己的好主意、好建議，生怕人家不知道。而如果你在私下裡把你的好點子奉賢給你的同事，他不但非常樂意接受，而且會感激你。

二是對別人的計畫、主意橫加指責，大發議論，引起同事們的反感。所以，你的點子再好，別人也會在排斥心理的驅使下而不予理睬。因此，出點子的時候一定要以平等的態度待人，而不要自恃高明，盛氣淩人，以為自己的點子是天底下最好的。

三是你的點子的確是好點子，但囿於各方面的原因暫時還不能執行。再者，個人站的角度不同，看問題的方法也不同。因此，同

事暫不採納你的「點子」是很正常的，不能心懷不快。

狼性法則 95

尊重之由，源於敬畏

從各種條件來說，狼算不上強者。但是狼卻從不以弱者自居，相反狼以強者自居。也許是這種心態決定了它們的行動，也許是它們的性格決定了它們要具有這樣的心態。也正是這種心態，使周圍大部分野獸對它們非常敬畏，從而在叢林中它們也獲得尊重。

尊重是什麼？尊重就是給予一個人很高的地位待遇。別人為什麼會給你很高的地位待遇，你說的話要聽，你讓做的事努力去做呢？那就得讓他尊重你的存在。

要讓對方尊重自己，就要對他有一定的震懾作用，讓他對自己生出一份敬畏心理。敬畏自己，他就不得不尊重自己，以此來削弱自己對他的震懾。

在職場中，贏得別人對自己的尊重很重要，這將影響到自己在職場中的心態、地位等。

在一家公司裡曾有個職員如此和一個同事 A 論述與另一個同事 B 的關係：「你跟人嘻嘻哈哈的，和底下的人混得太熟了，大夥兒都不怕你了。你分配他們做事，有時他們也敢偷懶一下，也不怕你生氣：大家都是朋友，你還能把我怎麼樣？可 XX 就不一樣了。他話不多，和底下人也走得不算很近。讓人看起來他做事很認真，對他有一種敬畏感。」

結果同事 A 很賣力，卻在升職與薪酬方面比同事 B 差了一截。

身為一個中層管理者，切不可急於表現自己的「平易近人」，

與下屬走得太近，結成朋友，否則這不僅會影響自己的工作安排，也會對企業的長遠發展帶來不利影響。

在處理同級別的同事關係中，需要的是製造己身的無傷害性，讓對方感受不到自己對他有所威脅，以營造彼此間友好的氛圍，同時需要製造一點點威嚴，讓人家不敢欺負你，不把你當「泛下級」來對待。

在處理下級對上級的關係上，則要顯示出自己的能力，不要做個可有可無的人物。若是上司把你看成個可有可無的人物，那你會很難混，甚至被辭退。

而在處理上級對下級的人際關係上，則需要製造出一定的威嚴來。因為，上下級同事之間的關係，是管理與被管理的關係，管理者需要對被管理者進行監督指派，這其中需要一定的威嚴，沒有一定分量的威嚴的話，下級同事就有了放縱的藉口、怠慢的底氣。因而，上級應該令下級同事對他產生一定的敬畏感，讓他懂得尊重自己作為一個上司的存在。

在狼群中，當狼王已經確定後，其餘的狼總是聽從它的領導。因為狼王的智慧和能力是其它狼不能達到的，每條狼都會對狼王既敬又畏，狼王的命令，它們必須服從。

國家圖書館出版品預行編目（CIP）資料

培養狼性 DNA：成為職場與情場上 EQ 最高的那匹狼
/ 韓立儀, 余金 著 . -- 第一版 . -- 臺北市：崧燁文化, 2020.06
　　面；　公分
POD 版

ISBN 978-986-516-256-6(平裝)

1. 職場成功法 2. 人際關係

494.35　　　　　　　　　　　　　　109008001

書　　　名：培養狼性 DNA：成為職場與情場上 EQ 最高的那匹狼
作　　　者：韓立儀, 余金 著
發 行 人：黃振庭
出 版 者：崧燁文化事業有限公司
發 行 者：崧燁文化事業有限公司
E-mail：sonbookservice@gmail.com
粉 絲 頁：　　　　　　網 址：
地　　　址：台北市中正區重慶南路一段六十一號八樓 815 室
8F.-815, No.61, Sec. 1, Chongqing S. Rd., Zhongzheng
Dist., Taipei City 100, Taiwan (R.O.C.)
電　　　話：(02)2370-3310 傳　真：(02) 2388-1990
總 經 銷：紅螞蟻圖書有限公司
地　　　址：台北市內湖區舊宗路二段 121 巷 19 號
電　　　話:02-2795-3656 傳真:02-2795-4100　　網址：
印　　　刷：京峯彩色印刷有限公司（京峰數位）
　　本書版權為源知文化出版社所有授權崧博出版事業有限公司獨家發行電子書及
　　繁體書繁體字版。若有其他相關權利及授權需求請與本公司聯繫。。
定　　　價：350 元
發行日期：2020 年 06 月第一版
◎ 本書以 POD 印製發行

獨家贈品

親愛的讀者歡迎您選購到您喜愛的書，為了感謝您，我們提供了一份禮品，爽讀 app 的電子書無償使用三個月，近萬本書免費提供您享受閱讀的樂趣。

ios 系統

安卓系統

讀者贈品

請先依照自己的手機型號掃描安裝 APP 註冊，再掃描「讀者贈品」，複製優惠碼至 APP 內兌換

優惠碼（兌換期限 2025/12/30）
READERKUTRA86NWK

爽讀 APP

📖 多元書種、萬卷書籍，電子書飽讀服務引領閱讀新浪潮！

🎧 AI 語音助您閱讀，萬本好書任您挑選

🔍 領取限時優惠碼，三個月沉浸在書海中

⛰ 固定月費無限暢讀，輕鬆打造專屬閱讀時光

不用留下個人資料，只需行動電話認證，不會有任何騷擾或詐騙電話。